实例效果欣赏

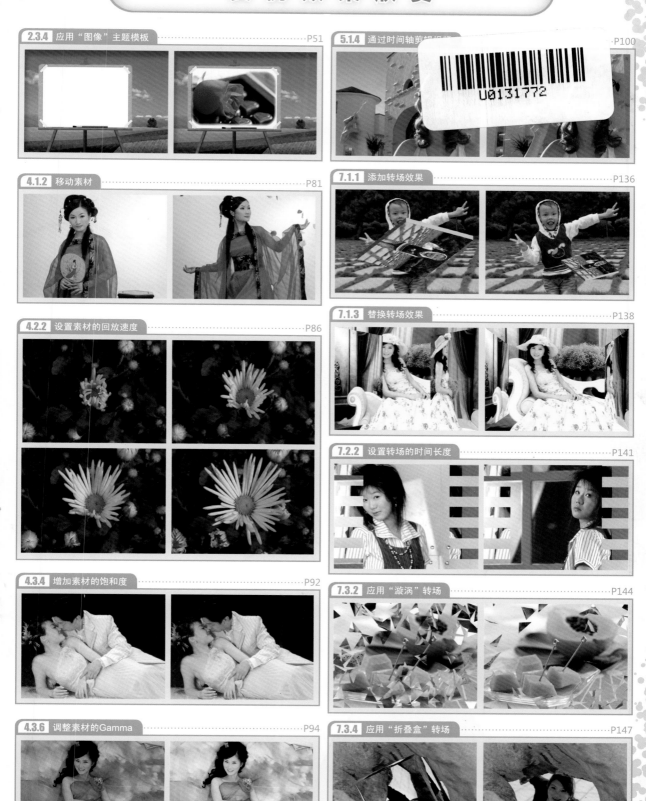

2.3.4 应用"图像"主题模板 P51

4.1.2 移动素材 P81

4.2.2 设置素材的回放速度 P86

4.3.4 增加素材的饱和度 P92

4.3.6 调整素材的Gamma P94

5.1.4 通过时间轴剪辑视频 P100

7.1.1 添加转场效果 P136

7.1.3 替换转场效果 P138

7.2.2 设置转场的时间长度 P141

7.3.2 应用"漩涡"转场 P144

7.3.4 应用"折叠盒"转场 P147

7.4.1 应用"喷出"转场 P148

8.1.3 将多个标题转换为单个标题 P159

7.5.1 应用"相册"转场 P151

8.1.4 将单个标题转换为多个标题 P160

7.5.2 应用"时钟"转场 P152

8.2.3 更改标题字体 P164

7.5.3 应用"果皮"转场 P153

8.2.5 更改标题字体颜色 P166

7.5.4 应用"擦拭"转场 P153

8.3.4 飞行效果——端午粽香 P170

8.1.2 添加多个标题字幕 P157

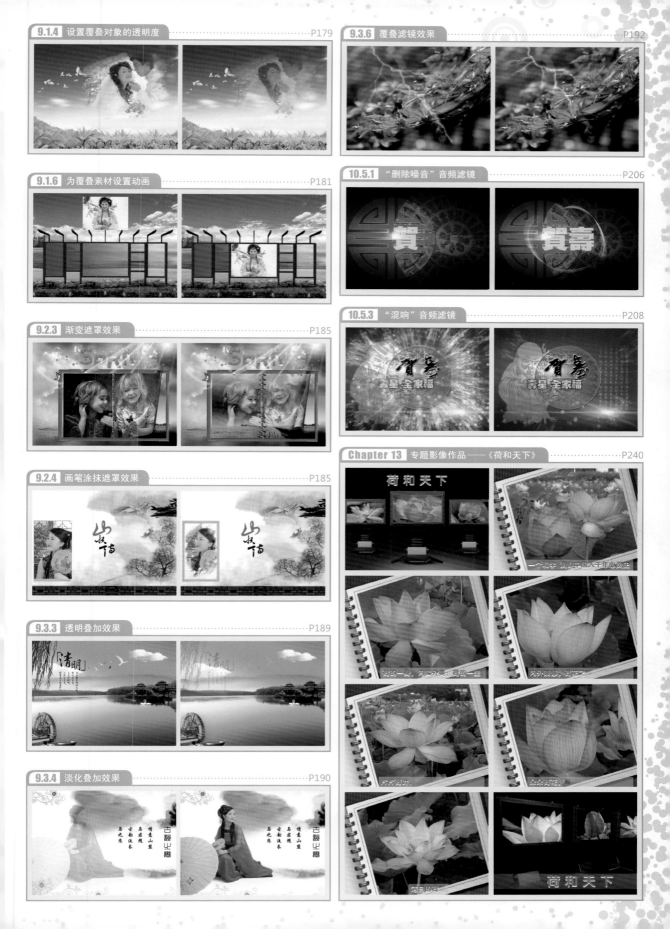

9.1.4 设置覆叠对象的透明度 P179

9.1.6 为覆叠素材设置动画 P181

9.2.3 渐变遮罩效果 P185

9.2.4 画笔涂抹遮罩效果 P185

9.3.3 透明叠加效果 P189

9.3.4 淡化叠加效果 P190

9.3.6 覆叠滤镜效果 P192

10.5.1 "删除噪音"音频滤镜 P206

10.5.3 "混响"音频滤镜 P208

Chapter 13 专题影像作品——《荷和天下》 P240

Chapter 14 旅游影像作品——《浯溪陶铸》 P253

Chapter 15 生日影像作品——《生日快乐》 P263

Chapter 16 儿童影像作品——《欢乐童年》 P275

Chapter 17 婚纱影像作品——《真爱回味》 P287

柏松 / 编著

中文版

会声会影 X4
完全学习手册
[全彩超值版]

科学出版社

内 容 简 介

本书通过5大案例完全实战＋90个技巧点拨放送＋181个技能实例奉献＋300分钟视频演示＋1120多张图片全程图解＋2240款超值素材赠送，帮助读者快速从入门到精通软件，从新手成为影视高手。

全书共分为6部分：基础与向导篇、捕获与剪辑篇、滤镜与转场篇、字幕与覆叠篇、渲染与刻录篇、边学与边用篇，包括会声会影X4基础入门、会声会影X4向导应用、捕获与导入视频素材、编辑视频素材、素材的剪辑技术、应用神奇的滤镜效果、应用精彩的转场效果、添加与编辑字幕效果、制作巧妙的覆叠效果、添加与编辑音频素材、渲染与输出视频、刻录DVD与VCD光盘、专题摄影作品——《荷和天下》、旅游影像作品——《浯溪陶铸》、节日影像作品——《生日快乐》、儿童影像作品——《欢乐童年》、婚纱影像作品——《真爱回味》等内容，读者学后可以举一反三、融会贯通，制作出更多精彩、漂亮的效果。

本书配1张超大容量的DVD光盘，光盘中提供了边学边练的同步教学录像文件（时间长达300分钟），以及与书中同步的全部素材文件和结果文件。另外，光盘中还赠送了55个会声会影常见问题解答和135个会声会影视频演练，以及15款会声会影叠加素材、20款新转场效果素材、40款会声会影婚纱模板、60款边框修饰效果素材、120款会声会影音乐素材、260款PNG和GIF相框、260款Flash素材、400款会声会影透明动画、440款经典遮罩图像、490款个性特殊效果字体等。通过书盘结合学习，读者可以快速、轻松地掌握会声会影X4的相关技能。

本书结构清晰、语言简洁，适合于会声会影的初、中级读者阅读，包括广大DV爱好者、数码工作者、影像工作者、数码家庭用户以及视频编辑处理人员，同时也可作为各类计算机培训中心、中职中专、高职高专等院校中相关专业的辅导教材。

图书在版编目（CIP）数据

中文版会声会影 X4 完全学习手册：全彩超值版/柏松编著.—北京：科学出版社，2011
ISBN 978-7-03-028207-1

Ⅰ. ①中… Ⅱ. ①柏… Ⅲ. ①多媒体软件：图形软件，会声会影 X4—手册 Ⅳ. ①TP391.41-62

中国版本图书馆 CIP 数据核字（2011）第 166912 号

责任编辑：魏 胜 赵丽平 / 责任校对：杨慧芳
责任印刷：新世纪书局 / 封面设计：林 陶

科 学 出 版 社 出版

北京东黄城根北街 16 号
邮政编码：100717
http://www.sciencep.com

中国科学出版集团新世纪书局策划
北京天颖印刷有限公司印刷

中国科学出版集团新世纪书局发行 各地新华书店经销

*

2011 年 11 月 第 一 版 开本：16 开
2011 年 11 月第一次印刷 印张：18.75
印数：1—4 000 字数：456 000

定价：59.80 元（含 1DVD 价格）

（如有印装质量问题，我社负责调换）

前言

PREFACE

▷▷ 软件简介

　　会声会影X4是专为个人及家庭设计的影片剪辑软件，其功能强大、方便易用。不论是入门级新手，还是高级用户，均可以通过捕获、剪辑、转场、特效、覆叠、字幕、刻录等功能，进行快速操作、专业剪辑，完美地输出影片。随着功能的日益完善，它在数码领域、相册制作，以及商业领域的应用越来越广，深受广大数码摄影者、视频编辑者的青睐。

▷▷ 本书特色

5大案例完全实战	90个技巧点拨放送
本书从专题摄影、旅游视频、节日视频、儿童视频、婚纱视频5个方面，精心挑选素材并制作了5个大型影像案例：《荷和天下》、《浯溪陶铸》、《生日快乐》、《欢乐童年》、《真爱回味》，让读者能边学边用、巧学活用、学有所成。	笔者在编写时，将平常工作中各方面的会声会影实战技巧、设计经验毫无保留地奉献给读者，共达90个，大大丰富和提高了本书的含金量，以便读者提升实战技巧与经验，从而提高学习与工作的效率。
181个技能实例奉献	1120多张图片全程图解
本书通过大量的技能实例来辅助讲解软件，共计181个，帮助读者在实战演练中逐步掌握软件的核心技能与操作技巧。与同类书相比，读者可以省去学习枯燥理论的时间，同时掌握超出同类书的大量使用技能，让学习更加高效。	本书采用了1120多张图片，对软件的技术、实例的讲解以及效果的展示，进行了全程式的图解，通过大量清晰的图片，让实例的内容变得更通俗易懂，读者可以一目了然，快速领会，举一反三，制作出更加精美漂亮的效果。
300分钟视频演示	2240款超值素材赠送
书中的181个技能实例的操作，全部录制了带语音讲解的演示视频，时间长达300分钟，重现书中所有技能实例的操作，读者可以结合书本，也可以独立观看视频演示，像看电影一样进行学习，既轻松方便，又能高效学习软件技能。	本书不仅赠送了55个会声会影常见问题解答和135款会声会影视频演练，还有15款会声会影叠加素材、20款新转场效果素材、40款会声会影婚纱模板、60款边框修饰效果素材、120款会声会影音乐素材、260个相框、440个经典遮罩图像等。

▷▷ 本书内容

　　本书共分为6篇：基础与向导篇、捕获与剪辑篇、滤镜与转场篇、字幕与覆叠篇、渲染与刻录篇以及边学与边用篇。本书具体章节内容介绍如下。

光盘说明

效果欣赏

前言

目录

基础与向导篇	捕获与剪辑篇
第1～2章，专业讲解了会声会影X4的新增功能、工作界面、基本操作、界面布局与预览窗口、向导界面、运用DV转DVD向导、应用"开始"主题模板、应用"完成"主题模板、应用"视频"主题模板、应用"图像"主题模板以及应用"Flash动画"主题模板等内容。	第3～5章，专业讲解了安装与连接1394卡、捕获图像素材、从各类视频设备中导入视频、编辑视频素材的常用技巧、编辑视频素材的特殊技巧、校正素材色彩的6个技巧、剪辑视频素材的4种方法、使用多重剪辑视频以及使用视频特殊剪辑技术等内容。
滤镜与转场篇	字幕与覆叠篇
第6～7章，专业讲解了滤镜的基本操作、应用"二维映射"和"三维映射"滤镜、应用"暗房"和"相机镜头"组等滤镜、转场的基本操作、设置转场属性、应用3D转场效果、应用"过滤"转场效果、应用"相册"转场以及应用"果皮"转场等内容。	第8～9章，专业讲解了添加单个标题字幕、添加多个标题字幕、编辑标题属性、制作字幕动态效果、覆叠的基本操作、制作椭圆遮罩效果、制作螺旋遮罩效果、制作渐变遮罩效果、制作画笔涂抹遮罩效果、制作精美相框效果以及制作透明叠加效果等内容。
渲染与刻录篇	边学与边用篇
第10～12章，专业讲解了添加背景音乐、编辑音乐素材文件、混音器使用技巧、制作背景音乐特效、渲染输出影片、指定影片输出范围、输出影片模板、输出影片音频、导出影片文件、刻录前的准备工作、刻录DVD光盘以及使用Nero刻录VCD等内容。	第13～17章，精讲了5大应用案例，即专题摄影、旅游视频、节日视频、儿童视频、婚纱影像，精心挑选素材并制作了大型影像案例：《荷和天下》、《浯溪陶铸》、《生日快乐》、《欢乐童年》、《真爱回味》，让读者能巧学活用，从新手快速成为影像编辑高手。

≫ 参编人员与致谢

本书由柏松编著，在成书的过程中，得到了龙飞、谭贤、刘嫔、杨闰艳、符光宇、曾慧、周旭阳、袁淑敏、谭俊杰、徐茜、杨端阳、谭中阳、罗樟、莫华浪等人的支持和参与，在此表示感谢。由于作者知识水平有限，书中难免有疏漏之处，恳请广大读者批评、指正。如果您对本书有任何意见或建议，欢迎与本书策划编辑联系（ws.david@163.com）。

≫ 版权声明

本书及光盘中所采用的图片、模型、音频、视频和赠品等素材，均为所属公司、网站或个人所有，本书引用仅为说明（教学）之用，绝无侵权之意，特此声明。

≫ 特别提醒

本书采用会声会影X4软件编写，请用户一定要使用同版本软件。直接打开光盘中的效果时，会弹出重新链接素材的提示，如音频、视频、图像素材，甚至提示丢失信息等，这是由于每个用户安装的会声会影X4及素材与效果文件的路径不一致导致的，属于正常现象，用户只需要重新链接素材文件夹中的相应文件，即可链接成功。

编 者
2011年9月

目 录 ▸▸▸▸▸▸▸▸▸▸▸▸▸▸▸▸▸▸▸▸▸▸ Contents

Part 01　基础与向导篇

Chapter 01 ｜ 会声会影X4基础入门　　　23

1.1　了解会声会影X4的新增功能············· **24**

1.1.1　动画定格摄影 ·····························24

1.1.2　灵活的工作区 ·····························24

1.1.3　WinZip智能包 ···························25

1.1.4　Corel素材指南 ··························25

1.1.5　灵活的视频轨道 ························26

1.1.6　速度/时间流逝 ··························26

1.1.7　增强的素材库 ····························26

1.1.8　DVD制作功能 ··························27

1.2　熟悉会声会影X4的工作界面················· **27**

1.2.1　菜单栏 ···28

1.2.2　步骤面板 ····································28

1.2.3　选项面板 ····································29

1.2.4　预览窗口 ····································30

1.2.5　导览面板 ····································30

1.2.6　素材库 ···31

1.2.7　时间轴 ···32

1.3　掌握会声会影X4的基本操作················· **32**

1.3.1　启动会声会影X4 ·····················32

视频教程　边学边练001　利用"打开"命令启动　　　32

1.3.2　退出会声会影X4 ·····················33

1.3.3　新建项目文件 ····························33

1.3.4　打开项目文件 ····························34

视频教程　边学边练002　打开"可爱小狗"项目文件　　　34

1.3.5　保存项目文件 ····························35

视频教程　边学边练003　另存"爱情庄园"项目文件　　　35

1.3.6　保存为压缩文件 ························36

视频教程　边学边练004　压缩"婚纱"文件　　　36

1.4　设置界面布局与预览窗口 ··· **37**

1.4.1　自定义界面 ································37

视频教程　边学边练005　自定义工作界面　　　38

1.4.2　调整界面布局 ····························38

视频教程　边学边练006　通过拖曳鼠标调整布局　　　39

1.4.3　恢复默认界面布局 ·····················39

视频教程　边学边练007　利用"界面布局"选项卡恢复默认布局　　　39

1.4.4　设置预览窗口的背景色··········40

视频教程　边学边练008　将背景色设置为白色　　　40

1.4.5　显示标题安全区域 ·····················42

1.4.6　显示DV时间码·····················42

　本章小结　　　42

2.1 熟悉向导界面 ·················· **44**

2.1.1 了解向导流程 ················44

2.1.2 会声会影X4向导界面············44

2.2 运用"DV转DVD向导" ···· **45**

2.2.1 连接DV摄像机···············45

边学边练009 连接DV摄像机 45

2.2.2 启动"DV转DVD向导"···45

边学边练010 启动DV转
DVD向导 46

2.2.3 扫描DV场景 ···············46

边学边练011 扫描DV场景 46

2.2.4 标记视频场景···············47

边学边练012 标记视频场景 47

2.2.5 设置主题模板···············47

边学边练013 设置主题模板 47

2.2.6 刻录DVD光盘···············48

边学边练014 刻录DVD光盘 48

2.3 应用向导各类主题模板 ······ **48**

2.3.1 应用"开始"主题模板··········49

边学边练015 应用"开始"
模板 49

2.3.2 应用"完成"主题模板··········50

边学边练016 应用"完成"
模板 50

2.3.3 应用"视频"主题模板··········51

边学边练017 应用"视频"
模板 51

2.3.4 应用"图像"主题模板··········51

边学边练018 应用"图像"
模板 52

2.3.5 应用"Flash动画"主题模板···52

边学边练019 应用"Flash
动画"模板 53

本章小结 53

Part 02   捕获与剪辑篇

3.1 1394卡的安装与连接 ········ **55**

3.1.1 安装1394视频卡 ·············55

边学边练020 安装1394
视频卡 55

3.1.2 设置1394视频卡 ·············56

边学边练021 设置1394
视频卡 56

3.1.3 连接台式电脑 ···············56

边学边练022 连接台式电脑 56

3.1.4 连接笔记本电脑···············57

边学边练023 连接笔记本
电脑 57

3.2 视频采集系统优化 ············ **58**

3.2.1 启动DMA设置 ················58

边学边练024 启动DMA设置 58

3.2.2 设置虚拟内存 ···············58

边学边练025 设置虚拟内存 59

3.2.3 禁用写入缓存 ···············59

边学边练026 禁用写入缓存 59

3.2.4 清理磁盘文件 ···············60

边学边练027 清理磁盘文件 60

3.3 捕获视频素材的常用操作 ··· **61**

3.3.1 数码摄像机的类型 ·············61

中文版会声会影X4完全学习手册（全彩超值版）

3.3.2　捕获DV中的视频 62

视频教程　边学边练028　捕获DV中的
视频　62

3.3.3　设置影片捕获格式 63

视频教程　边学边练029　设置影片捕获
格式　63

3.3.4　设置影片捕获区间 63

视频教程　边学边练030　设置影片捕获
区间　63

3.3.5　从开始检测场景 64

视频教程　边学边练031　从开始检测
场景　64

3.3.6　按场景分割视频 65

视频教程　边学边练032　按场景分割
视频　65

3.4　捕获静态图像素材 65

3.4.1　捕获静态图像 65

视频教程　边学边练033　捕获静态图像　66

3.4.2　禁止音频播放 66

视频教程　边学边练034　禁止音频播放　66

3.4.3　运用定格动画捕获图像 67

视频教程　边学边练035　运用定格动画
捕获图像　67

3.4.4　设置捕获文件夹 67

视频教程　边学边练036　设置捕获文件夹 67

3.4.5　设置图像捕获位置 68

视频教程　边学边练037　设置图像捕获
位置　68

3.4.6　设置静态图像保存格式 68

视频教程　边学边练038　设置静态图像
保存格式　68

**3.5　从各类视频设备中导入
视频....................... 69**

3.5.1　从高清数码摄像机中捕获视频 69

视频教程　边学边练039　从高清数码
摄像机中捕获视频　69

3.5.2　通过数码相机捕获视频...........70

视频教程　边学边练040　通过数码相机
捕获视频　70

3.5.3　通过摄像头捕获视频 71

视频教程　边学边练041　通过摄像头捕
获视频　71

3.5.4　从优盘中导入视频 72

视频教程　边学边练042　从优盘中导入
视频　72

3.5.5　从DVD光盘中捕获视频 72

视频教程　边学边练043　从DVD光盘中
捕获视频　73

3.6　添加视频和图像素材......... 74

3.6.1　添加JPG格式的素材...............74

视频教程　边学边练044　添加JPG素材　74

3.6.2　添加MPG格式的素材 75

视频教程　边学边练045　添加MPG素材　75

3.6.3　添加Flash格式的素材 76

视频教程　边学边练046　添加Flash素材　76

3.6.4　添加PNG格式的素材 77

视频教程　边学边练047　添加PNG素材　77

3.6.5　添加对象素材 77

视频教程　边学边练048　添加对象素材　78

本章小结　78

Chapter 04 ｜ 编辑视频素材　79

**4.1　编辑视频素材的常用
技巧....................... 80**

4.1.1　选取素材 80

视频教程　边学边练049　婚纱影像　80

4.1.2　移动素材...................81

视频教程　边学边练050　清纯可爱　81

4.1.3　复制素材..................................81

视频教程　边学边练051　花开怒放　82

4.1.4　删除素材..................................83

视频教程　边学边练052　厨具　84

4.2　编辑视频素材的特殊
技巧 84

4.2.1　制作图像摇动和缩放效果.......85

视频教程　边学边练053　化妆品　85

4.2.2　设置素材的回放速度.............86

视频教程　边学边练054　白色花朵　86

4.2.3　分离视频与音频..................87

视频教程　边学边练055　寿　88

4.3　校正素材色彩的6个技巧....89

4.3.1　自动调整色调..................89

视频教程　边学边练056　猫咪　89

4.3.2　校正素材的色调.............90

视频教程　边学边练057　款款情深　91

4.3.3　校正素材的亮度.............91

视频教程　边学边练 058　生活留影　92

4.3.4　增加素材的饱和度..............92

视频教程　边学边练059　我情依旧　93

4.3.5　增加素材的对比度.............93

视频教程　边学边练060　可爱宝贝　94

4.3.6　调整素材的Gamma............94

视频教程　边学边练061　风情万种　95

本章小结　95

Chapter 05 │ 素材的剪辑技术　96

5.1　剪辑视频素材的4种方法....97

5.1.1　通过单击按钮剪辑视频...........97

视频教程　边学边练062　盛开的花　97

5.1.2　按场景分割视频文件.........98

视频教程　边学边练063　时尚品位　98

5.1.3　通过修整栏剪辑视频 99

视频教程　边学边练064　绽放　99

5.1.4　通过时间轴剪辑视频 100

视频教程　边学边练065　吹泡泡　100

5.2　通过视频轨剪辑视频........102

5.2.1　标记开始点...................102

视频教程　边学边练066　阳光　102

5.2.2　标记结束点...................103

视频教程　边学边练067　水果　103

5.3　使用多重剪辑视频...........104

5.3.1　快速搜索间隔 104

视频教程　边学边练068　幸福母子　105

5.3.2　进行反转选取 106

视频教程　边学边练069　灯芯　106

5.3.3　删除所选素材片段...........107

视频教程　边学边练070　心跳回忆　107

5.3.4　转到特定的时间码...........108

视频教程　边学边练071　高雅贵族　108

5.4　使用视频特殊剪辑技术....109

5.4.1　从视频中截取静态图像........109

视频教程　边学边练072　情人　109

5.4.2　使用区间剪辑视频素材........110

视频教程　边学边练073　睡美人　110

5.5　保存剪辑后的视频..........111

5.5.1　保存到视频素材库...........111

视频教程　边学边练074　浪漫时刻　111

5.5.2　输出为新视频文件...........113

视频教程　边学边练075　树中精灵　113

本章小结　114

中文版会声会影X4完全学习手册（全彩超值版）

Part 03　滤镜与转场篇

Chapter 06 | 应用神奇的滤镜效果　115

6.1 滤镜的基本操作............ **116**
　6.1.1　添加单个视频滤镜.................116
　视频教程　**边学边练076　爱在天涯　116**
　6.1.2　添加多个视频滤镜.................117
　视频教程　**边学边练077　绿色叶　117**
　6.1.3　选择滤镜预设.................119
　视频教程　**边学边练078　孤独桥　119**
　6.1.4　自定义视频滤镜.................120
　视频教程　**边学边练079　花　120**
　6.1.5　替换视频滤镜.................121
　视频教程　**边学边练080　敞开心扉　121**
　6.1.6　删除视频滤镜.................122
　视频教程　**边学边练081　秀丽　123**

6.2 应用"二维映射"和"三维纹理映射"滤镜............ **123**
　6.2.1　应用"漩涡"滤镜.................124
　视频教程　**边学边练082　水中鱼　124**
　6.2.2　应用"水流"滤镜.................126
　视频教程　**边学边练083　桥　126**
　6.2.3　应用"鱼眼"滤镜.................127

　视频教程　**边学边练084　鲜花　127**
　6.2.4　应用"往内挤压"滤镜.........127
　视频教程　**边学边练085　黄花　128**

6.3 应用"暗房"和"相机镜头"滤镜组............ **128**
　6.3.1　应用"自动曝光"滤镜.........129
　视频教程　**边学边练086　小花朵　129**
　6.3.2　应用"肖像画"滤镜.........130
　视频教程　**边学边练087　梦幻情景　130**
　6.3.3　应用"镜头闪光"滤镜.........131
　视频教程　**边学边练088　天蓝　131**

6.4 应用其他滤镜............ **132**
　6.4.1　应用"水彩"滤镜.........132
　视频教程　**边学边练089　烟花　132**
　6.4.2　应用"云彩"滤镜.........133
　视频教程　**边学边练090　风景　133**
　6.4.3　应用"雨点"滤镜.........133
　视频教程　**边学边练091　山水　134**

　本章小结　134

Chapter 07 | 应用精彩的转场效果　135

7.1 转场的基本操作.............. **136**
　7.1.1　添加转场效果.....................136
　视频教程　**边学边练092　天真可爱　136**
　7.1.2　移动转场效果.....................137
　视频教程　**边学边练093　古典艺术　137**
　7.1.3　替换转场效果.....................138
　视频教程　**边学边练094　高贵优雅　138**
　7.1.4　删除转场效果.....................139

7.2 设置转场属性.................. **140**

　7.2.1　改变转场的方向.....................140
　7.2.2　设置转场的时间长度.............141
　视频教程　**边学边练095　艺术写真　141**
　7.2.3　设置转场的边框效果.............142
　视频教程　**边学边练096　美女　142**
　7.2.4　设置转场的边框颜色.............143

7.3 应用3D转场效果............. **143**
　7.3.1　应用"百叶窗"转场.........143
　视频教程　**边学边练097　仰望幸福　143**

7.3.2 应用"漩涡"转场 144

视频教程 边学边练098 水果 144

7.3.3 应用"飞行翻转"转场 146

视频教程 边学边练099 美丽漂亮 146

7.3.4 应用"折叠盒"转场 147

视频教程 边学边练100 生活照 147

7.4 应用"过滤"转场效果 148

7.4.1 应用"喷出"转场 148

视频教程 边学边练101 办公桌椅 148

7.4.2 应用"交叉淡化"转场 149

视频教程 边学边练102 渐变消失 149

7.4.3 应用"飞行"转场 150

7.4.4 应用"遮罩"转场 150

7.5 应用其他转场效果 151

7.5.1 应用"相册"转场 151

视频教程 边学边练103 等待幸福 151

7.5.2 应用"时钟"转场 152

视频教程 边学边练104 食品 152

7.5.3 应用"果皮"转场 152

视频教程 边学边练105 婚礼 153

7.5.4 应用"擦拭"转场 153

视频教程 边学边练106 床 154

本章小结 154

Part 04　字幕与覆叠篇

Chapter 08 │ 添加与编辑字幕效果　　　　　155

8.1 添加标题字幕 156

8.1.1 添加单个标题字幕 156

视频教程 边学边练107 恋爱证书 156

8.1.2 添加多个标题字幕 157

视频教程 边学边练108 欧式御园 157

8.1.3 将多个标题转换为单个标题 ...159

视频教程 边学边练109 田园生活 159

8.1.4 将单个标题转换为多个标题 ...160

视频教程 边学边练110 高贵典雅 160

8.1.5 应用标题模板创建标题字幕 ...161

视频教程 边学边练111 贵族婚约 161

8.2 编辑标题属性 162

8.2.1 调整标题行间距 162

视频教程 边学边练112 圣诞快乐 162

8.2.2 调整标题区间 163

视频教程 边学边练113 幸福夜晚 163

8.2.3 更改标题字体 164

视频教程 边学边练114 幸福公主 164

8.2.4 更改标题字体大小 165

视频教程 边学边练115 三月女人节 165

8.2.5 更改标题字体颜色 166

视频教程 边学边练116 三八妇女节 166

8.3 制作字幕动态效果 167

8.3.1 淡化效果——元旦快乐 167

视频教程 边学边练117 元旦快乐 167

8.3.2 弹出效果——心心相印 168

视频教程 边学边练118 心心相印 168

8.3.3 翻转效果——烛光晚餐 169

视频教程 边学边练119 烛光晚餐 169

8.3.4 飞行效果——端午粽香 170

视频教程 边学边练120 端午粽香 170

8.3.5 缩放效果——彩色人生 171

视频教程 边学边练121 彩色人生 171

8.3.6 下降效果——国色天香 172

视频教程 边学边练122 国色天香 172

8.3.7 移动路径效果——粉色之爱 ...173

视频教程 边学边练123 粉色之爱 173

本章小结 174

中文版会声会影X4完全学习手册（全彩超值版）

Chapter 09 | 制作巧妙的覆叠效果　　175

9.1　覆叠效果的基本操作........ 176

9.1.1　覆叠属性设置 176

9.1.2　添加覆叠素材 177

　　边学边练124　父亲节快乐　177

9.1.3　删除覆叠素材 177

　　边学边练125　婚纱照片　178

9.1.4　设置覆叠对象的透明度........179

　　边学边练126　公主王子　179

9.1.5　设置覆叠对象的边框 180

　　边学边练127　相册　180

9.1.6　为覆叠素材设置动画 181

　　边学边练128　婚纱创意　181

9.1.7　设置对象的对齐方式 182

　　边学边练129　美人画　182

9.2　制作覆叠遮罩效果 183

9.2.1　椭圆遮罩效果 183

　　边学边练130　幸福一家　183

9.2.2　螺旋遮罩效果 184

　　边学边练131　回忆　184

9.2.3　渐变遮罩效果 185

　　边学边练132　小朋友　185

9.2.4　画笔涂抹遮罩效果 185

　　边学边练133　山水画　186

9.2.5　花瓣遮罩效果 186

　　边学边练134　花香爱恋　187

9.3　制作覆叠精彩特效 187

9.3.1　遮罩效果 188

　　边学边练135　水滴四射　188

9.3.2　精美边框效果 188

　　边学边练136　造型诱惑　189

9.3.3　透明叠加效果 189

　　边学边练137　清明时节　190

9.3.4　淡化叠加效果 190

　　边学边练138　古韵之恋　191

9.3.5　场景对象效果 191

　　边学边练139　蓝色壁纸　191

9.3.6　覆叠滤镜效果 192

　　边学边练140　枫叶红了　192

本章小结　193

Part 05　渲染与刻录篇

Chapter 10 | 添加与编辑音频素材　　194

10.1　添加背景音乐 195

10.1.1　添加音频素材库中的声音...195

　　边学边练141　长寿是福　195

10.1.2　添加移动优盘中的音频 ...196

　　边学边练142　动画　196

10.1.3　添加硬盘中的音频 197

　　边学边练143　片头　197

10.2　编辑音乐素材 197

10.2.1　调整整体音量 198

　　边学边练144　红地毯　198

10.2.2　修整音频区间 198

　　边学边练145　蝴蝶飞舞　199

10.2.3　修整音频回放速度...........199

　　边学边练146　花开　200

10.3　音频素材库.................... 200

10.3.1　重命名音频素材 200

　　边学边练147　重命名素材　201

10.3.2　删除音频素材 201

　　边学边练148　删除音频素材　201

10.4　混音器的使用技巧 202

10.4.1　选择音频轨道...................202

光盘说明

效果欣赏

前言

目录

视频教程　边学边练149　缘分　　　202
　　10.4.2　设置轨道静音 202
视频教程　边学边练150　设置轨道静音 202
　　10.4.3　实时调整音量 203
视频教程　边学边练151　实时调整音量 203
　　10.4.4　恢复默认音量 204
视频教程　边学边练152　恢复默认音量 204
　　10.4.5　调节右声道音量 204
视频教程　边学边练153　调节右声道
　　　　　　音量　　　　204
　　10.4.6　调节左声道音量 205
视频教程　边学边练154　调节左声道
　　　　　　音量　　　　205

10.5　制作背景音乐特效 **206**
　　10.5.1　"删除噪音"音频滤镜 ...206
视频教程　边学边练155　贺寿　　　206
　　10.5.2　"长回音"音频滤镜 207
视频教程　边学边练156　神仙　　　207
　　10.5.3　"混响"音频滤镜 208
视频教程　边学边练157　烟花　　　208
　　10.5.4　"放大"音频滤镜 209
视频教程　边学边练158　幸福相伴　209

　　本章小结　　　　　　　　210

Chapter 11 ｜ 渲染与输出视频　　　211

11.1　渲染输出影片 **212**
　　11.1.1　输出整个影片 212
视频教程　边学边练159　婚纱影像　212
　　11.1.2　渲染输出高清视频 213
视频教程　边学边练160　桌子　　　213
　　11.1.3　指定影片的输出范围 214
视频教程　边学边练161　美食美刻　214
　　11.1.4　设置视频的保存格式 215
视频教程　边学边练162　通过按钮选择
　　　　　　视频格式　　215
　　11.1.5　设置视频的保存选项 216

11.2　输出影片模板 **217**
　　11.2.1　创建PAL DV格式输出
　　　　　　模板 217
视频教程　边学边练163　家装　　　217
　　11.2.2　创建PAL DVD格式输出
　　　　　　模板 218
　　11.2.3　创建MPEG-1格式输出
　　　　　　模板 219
　　11.2.4　创建RM格式输出模板 219
　　11.2.5　创建WMV格式输出模板 ...220

11.3　输出影片音频 **220**
　　11.3.1　设置输出声音的文件名 ...220
视频教程　边学边练164　水果　　　220
　　11.3.2　设置输出声音的音频格式 ...221
　　11.3.3　设置音频文件保存选项 ...221
视频教程　边学边练165　通过对话框
　　　　　　设置保存选项　221
　　11.3.4　输出项目文件中的声音 ...222
视频教程　边学边练166　通过对话框
　　　　　　输出影片音频　222

11.4　导出影片文件 **223**
　　11.4.1　导出为视频网页 223
视频教程　边学边练167　别墅　　　223
　　11.4.2　导出为电子邮件 224
视频教程　边学边练168　风景　　　224
　　11.4.3　将影片导出为屏幕保护 ...224
视频教程　边学边练169　片头　　　225
　　11.4.4　将影片导出到移动设备 ...225
视频教程　边学边练170　生日快乐　225

　　本章小结　　　　　　　　226

中文版会声会影X4完全学习手册（全彩超值版）

Chapter 12 | 刻录DVD与VCD光盘 227

12.1 刻录前的准备工作 …… 228

12.1.1 刻录机的工作原理………228
12.1.2 VCD/DVD光盘…………228
12.1.3 蓝光光盘…………………229

12.2 刻录DVD光盘 ………… 230

12.2.1 添加影片素材…………230
视频教程 边学边练171 添加影片素材 230
12.2.2 选择光盘类型…………231
视频教程 边学边练172 选择光盘类型 231
12.2.3 为素材添加章节…………231
视频教程 边学边练173 为素材添加
章节 232
12.2.4 设置菜单类型…………232
视频教程 边学边练174 设置菜单类型 232
12.2.5 添加背景音乐…………233
视频教程 边学边练175 添加背景音乐 233

12.2.6 预览影片效果……………234
视频教程 边学边练176 预览影片效果 234
12.2.7 刻录DVD影片 ……………235
视频教程 边学边练177 刻录DVD影片 235

12.3 使用Nero刻录VCD……… 236

12.3.1 导入影片文件……………236
视频教程 边学边练178 甜蜜恋人 236
12.3.2 设置刻录选项……………237
视频教程 边学边练179 设置刻录选项 237
12.3.3 测试视频效果……………238
视频教程 边学边练180 测试视频效果 238
12.3.4 刻录VCD光盘……………239
视频教程 边学边练181 刻录VCD光盘 239

本章小结 239

Part 06 边学与边用篇

Chapter 13 | 专题影像作品——《荷和天下》 240

13.1 效果欣赏 ………………… 241

13.1.1 效果赏析 …………………241
13.1.2 技术提炼 …………………241

13.2 视频的制作过程………… 241

视频教程 13.2.1 导入荷花视频素材…………242
视频教程 13.2.2 分割荷花视频文件…………242
13.2.3 添加视频转场效果…………244
13.2.4 制作片头动画效果…………245

视频教程 13.2.5 制作片尾动画效果…………246
视频教程 13.2.6 制作荷花边框效果…………248
13.2.7 制作荷花字幕动画…………249

13.3 后期编辑与输出………… 251

视频教程 13.3.1 制作影片音频特效…………251
13.3.2 输出视频动画文件…………252

本章小结 252

Chapter 14 | 旅游影像作品——《浯溪陶铸》 253

14.1 效果欣赏 …………………… 254

14.1.1 效果赏析 …………………254
14.1.2 技术提炼 …………………254

14.2 视频的制作过程………… 254

视频教程 14.2.1 导入旅游视频素材…………255
视频教程 14.2.2 添加变形视频文件…………255
14.2.3 添加各种转场效果…………256
视频教程 14.2.4 制作旅游片头动画…………257
视频教程 14.2.5 制作旅游纹样动画…………258

光盘说明

效果欣赏

前言

目录

视频教程 14.2.6 制作字幕动画 259

14.3 后期编辑与输出 **261**

视频教程 14.3.1 制作旅游音频特效 261

视频教程 14.3.2 创建视频文件 262

本章小结 262

Chapter 15 | 生日影像作品——《生日快乐》 263

15.1 效果欣赏 **264**

15.1.1 效果赏析 264

15.1.2 技术提炼 264

15.2 视频的制作过程 **264**

视频教程 15.2.1 导入生日视频素材 265

视频教程 15.2.2 添加生日视频文件 266

视频教程 15.2.3 制作生日转场效果 267

视频教程 15.2.4 制作生日文字片头 268

视频教程 15.2.5 制作生日花纹覆叠 269

视频教程 15.2.6 制作色彩缤纷的边框 271

15.2.7 制作生日字幕效果 272

15.3 后期编辑与输出 **273**

视频教程 15.3.1 制作生日音频特效 273

15.3.2 渲染输出生日视频 274

本章小结 274

Chapter 16 | 儿童影像作品——《欢乐童年》 275

16.1 效果欣赏 **276**

16.1.1 效果赏析 276

16.1.2 技术提炼 276

16.2 视频的制作过程 **276**

视频教程 16.2.1 导入儿童视频素材 277

视频教程 16.2.2 添加儿童视频素材 277

视频教程 16.2.3 添加视频转场效果 279

视频教程 16.2.4 制作儿童片头效果 280

视频教程 16.2.5 制作视频边框效果 281

视频教程 16.2.6 制作儿童视频片尾效果 ...282

16.2.7 制作儿童视频字幕动画 ...283

16.3 后期编辑与输出 **284**

视频教程 16.3.1 制作儿童视频音效 285

16.3.2 渲染输出儿童视频 285

本章小结 286

Chapter 17 | 婚纱影像作品——《真爱回味》 287

17.1 效果欣赏 **288**

17.1.1 效果赏析 288

17.1.2 技术提炼 288

17.2 视频的制作过程 **288**

视频教程 17.2.1 导入婚纱影像素材文件 ...289

视频教程 17.2.2 制作婚纱视频动画效果 ...290

视频教程 17.2.3 添加婚纱视频转场效果 ...291

视频教程 17.2.4 制作婚纱视频片头覆叠 ...292

视频教程 17.2.5 制作婚纱视频边框效果 ...294

视频教程 17.2.6 制作婚纱片尾动画效果 ...296

17.2.7 制作视频字幕动画效果 ...297

17.3 后期编辑与输出 **299**

视频教程 17.3.1 在影片中添加音频素材 ...299

17.3.2 将视频文件刻录为DVD...300

本章小结 300

01 会声会影X4基础入门

会声会影X4是Corel公司最新推出的一款视频编辑软件，它凭着简单方便的操作、丰富的效果和强大的功能，成为家庭DV用户的首选编辑软件。在学习这款软件之前，读者应该具有一定的入门知识，这样有助于后面的学习。本章将主要向用户介绍会声会影X4的新增功能及工作界面等知识。

▶ 知识要点

❶ 动画定格摄影	❾ 启动会声会影X4
❷ 灵活的工作区	❿ 退出会声会影X4
❸ 速度/时间流逝	⑪ 新建项目文件
❹ 增强的素材库	⑫ 打开项目文件
❺ 菜单栏	⑬ 自定义界面
❻ 步骤面板	⑭ 调整界面布局
❼ 选项面板	⑮ 恢复默认界面布局
❽ 预览窗口	⑯ 设置预览窗口的背景色

▶ 本章重点

❶ 熟悉会声会影工作界面	❺ 调整界面布局
❷ 保存项目文件	❻ 恢复默认界面布局
❸ 保存为压缩文件	❼ 设置预览窗口的背景色
❹ 自定义界面	❽ 显示标题安全区域

▶ 效果欣赏

1.1 了解会声会影X4的新增功能

会声会影X4在会声会影X3的基础上新增了许多功能，如更直白的编辑方式、更多样的创意选项、更实用的多项功能及更实际的分享功能等，使操作更加便捷，从而使用户可以制作出更加完美的视频影片。本节将主要向用户介绍会声会影的新增功能。

1.1.1 动画定格摄影

配备最新动画定格摄影工具的会声会影X4为用户带来了赋予无生命物体生命的乐趣。经典的动画技术对任何对电影创作感兴趣的用户来说都具有绝对的吸引力，很多著名电影及电视剧的制作都采用了此技术，其中包括《Wallace&Gromit》。用户可以使用照片或视频在会声会影X4中直接制作定格动画，如右图所示。

"定格动画"对话框右侧的各选项含义如下。

- 项目名称：在该选项右侧的文本框中，用户可根据需要设置该定格动画的视频名称。
- 捕获文件夹：单击该选项右侧的"捕获文件夹"按钮█，在弹出的对话框中，用户可根据需要设置捕获视频的保存位置。
- 保存到库：单击该选项右侧的下三角按钮，在弹出的下拉列表中，可以选择相应的视频保存选项。
- 图像区间：单击该选项右侧的下三角按钮，在弹出的下拉列表中，可以选择图像的区间长度。
- 捕获分辨率：单击该选项右侧的下三角按钮，在弹出的下拉列表中，可以选择捕获视频的分辨率大小。
- 自动捕获：在该选项的右侧，用户可根据需要设置自动捕获的相关选项。
- 洋葱皮：拖曳该选项的滑块，可以显示多个帧的动画效果，并呈虚拟动态显示出来。

1.1.2 灵活的工作区

在会声会影X4中，用户可以按照自己的意愿设置工作区，从而使其灵活可控。标签中的工作区顶部都有新的抓取栏，只需拖动或双击即可将其移出。用户可以轻松地调整工作区的大小，并将多个工作区分配到两个显示器上，这样就可以最大化预览窗口、项目时间轴和素材库，如下图所示。

Chapter **01**

Chapter **02**

Chapter **03**

Chapter **04**

Chapter **05**

Chapter **06**

Chapter **07**

Chapter **08**

Chapter **09**

专家指点

当调整各工作区域的大小和位置后，如果用户需要将窗口还原成默认状态，可单击"设置"|"布局设置"|"切换到"|"默认"命令，此时，即可还原窗口。

1.1.3　WinZip智能包

会声会影X4可以为智能包提供WinZip存档选项，只需在"智能包"对话框中选择"压缩文件"单选按钮，如下左图所示，单击"确定"按钮，弹出"压缩项目包"对话框，选择"加密添加文件"复选框，单击"确定"按钮，会弹出"加密"对话框，如下右图所示，在其中输入相应密码并保存即可。项目中的所有元素都可以打包在一起，以方便用户携带。智能包可以在其他任何VideoStudio Pro X4编辑器中打开，适用于学校和企业。

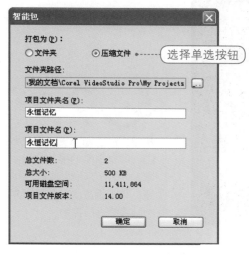

专家指点

在"智能包"对话框中，若用户选择"文件夹"单选按钮，项目文件以文件夹的形式进行导出；若用户选择"压缩文件"单选按钮，则项目文件以压缩包的形式进行导出。

1.1.4　Corel素材指南

这里的资源提供了一系列有用的信息、线上帮助、产品更新、附件、可免费下载的媒体包、其他付费内容及培训视频。"实现更多功能"选项卡中提供了大量可下载的模板、标题、字体、创意特效及编辑工具，如右图所示。

专家指点

在欢迎界面的"实现更多功能"选项卡中，单击"音频"标签，切换至"音频"选项卡，其中显示了可下载的音频资源，用户可根据需要进行相应的下载操作。单击"标题"标签，切换至"标题"选项卡，其中显示了可下载的字体包和标题包，用户可根据需要选择相应的资源进行下载。

▷ 1.1.5　灵活的视频轨道

目前，可以在会声会影X4的所有覆叠轨道中进行标题、剪辑和图形的添加操作，如下图所示。将标题放在图像和视频剪辑的后面，并为覆叠添加切换效果，便可以制作出丰富的视频效果。会声会影X4还增加了全新简单尺寸的编辑功能。

专家指点

在预览窗口中，用户可以手动拖曳"擦洗器" ，调整视频的播放位置。在窗口的下方还提供了一排按钮，单击相应的按钮可以对视频的播放进行控制。

▷ 1.1.6　速度/时间流逝

用户可以通过会声会影X4将一系列照片轻松创建出超酷的时间流逝或频闪效果。定时摄影可以捕获一个渐进发展的事件，如正在行驶的车辆、涨潮或落日的一系列连续照片。例如，用户可以设置相机在8小时内每隔几秒钟拍摄一幅夜晚的天际线。如右图所示为"速度/时间流逝"对话框，在其中可以对视频或照片进行相应的编辑操作。

▷ 1.1.7　增强的素材库

会声会影X4包括了一个增强型素材库，可以用来简单、方便地创建作品库。用户还可以将照片、视频或音频拖曳至素材库中，并在Windows资源管理器中进行浏览，如下图所示。

▶ 1.1.8　DVD制作功能

　　会声会影X4具有集成的DVD制作功能，包括在编辑时间线中添加章节，选择光盘格式，制作DVD并进行刻录，如右图所示。

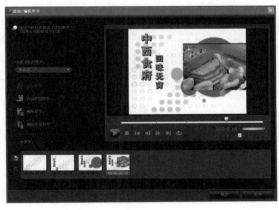

▶ **1.2** 熟悉会声会影X4的工作界面

　　使用会声会影的图形化界面，可以清晰而快速地完成影片的编辑工作，其界面主要包括菜单栏、步骤面板、选项面板、预览窗口、导览面板、素材库及时间轴，如下图所示。

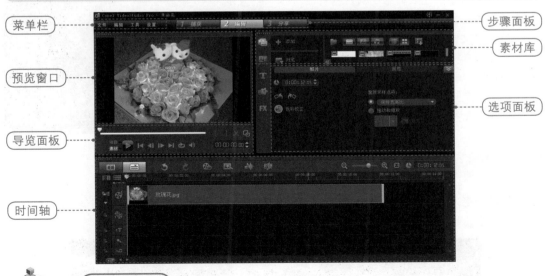

　　专家指点

　　会声会影X4提供了完善的编辑功能，用户利用它可以全面控制影片的制作过程，还可以为采集的视频添加各种素材、转场、覆叠及滤镜效果等。

Chapter 01
Chapter 02
Chapter 03
Chapter 04
Chapter 05
Chapter 06
Chapter 07
Chapter 08
Chapter 09

1.2.1 菜单栏

在会声会影X4图形化的工作界面中，用户可以快速而清晰地进行影片的编辑工作。会声会影X4的菜单栏位于工作界面的上方，包括"文件"、"编辑"、"工具"、"设置"4个菜单，如右图所示。

会声会影X4提供了4个主菜单，用户可以通过主菜单中的菜单命令完成各种操作和设置。下面向用户介绍主菜单的具体作用。

◎ 文件：在该菜单中可对一些项目进行操作，如新建、打开和保存项目等。

◎ 编辑：该菜单中包含一些编辑命令，如"撤销"、"重复"、"复制"和"粘贴"。

◎ 工具：在该菜单中，可以对视频进行多样的编辑。例如，使用会声会影的DV转DVD向导功能，可以对视频文件进行编辑并刻录成光盘等。

◎ 设置：在该菜单中，可以设置项目文件的基本属性、查看项目文件的属性、启用宽银幕及使用章节点管理器等。

专家指点

有时在编辑器窗口或面板的其他位置处单击鼠标右键，可弹出某菜单，即右键菜单，也称为快捷菜单或上下文件菜单，其使用方法和其他菜单的使用方法一样，但它更为快捷、方便。

菜单命令可分为3种类型，下面以"文件"菜单为例进行介绍，如下图所示。

◎ 普通菜单命令：普通菜单命令上无特殊标记，只需单击该命令，即可执行相应的操作，如"新建项目"命令。

◎ 级联菜单命令：在菜单命令的右侧有三角形图标，单击该命令，可打开其级联菜单，如"将媒体文件插入到时间轴"和"将媒体文件插入到素材库"等命令。

◎ 对话框菜单命令：在菜单命令之后带有"…"，单击该命令，将弹出一个对话框，如"打开项目"、"另存为"和"导出为模板"等命令。

1.2.2 步骤面板

会声会影X4将视频的编辑过程简化为"捕获"、"编辑"和"分享"3个步骤，如下图所示，单击步骤面板上相应的标签，可以在不同的步骤之间进行切换。

下面向用户介绍步骤面板中3个步骤的具体作用。

- ◎ 捕获：在"捕获"面板中可以直接将视频源中的影片素材捕获到计算机中。可以将录像带中的素材捕获成单独的文件或自动分割成多个文件，还可以单独捕获静止的图像。
- ◎ 编辑："编辑"面板是会声会影X4的核心，在这个面板中可以对视频素材进行编辑，还可以将视频滤镜、转场、字幕及音频应用到视频素材上。
- ◎ 分享：影片编辑完成后，在"分享"面板中可以创建视频文件，将影片输出到VCD、DVD或磁带上。

专家指点

　　捕获素材就是将外部设备中保存的视频和图像等素材导入到会声会影中。会声会影支持的导入来源很丰富，包括摄像机、数码相机、影音光盘中的素材及通过网络下载的素材。将素材导入到会声会影中后，会根据类型放置到不同的素材库中，此时用户可以利用这些素材制作影片。

▶ 1.2.3　选项面板

　　在选项面板中，可对项目时间轴中选取的素材进行参数设置。根据选中素材的类型和轨道，选项面板会显示对应的参数，该面板中的内容会根据步骤面板的不同而有所不同。如下图所示为"照片"选项面板与"视频"选项面板。

　　在"照片"选项面板中，各选项的含义如下。

- ◎ 照片区间：该数值框用于调整照片素材播放时间的长度，显示了当前播放所选照片素材所需的时间。时间码上的数字代表"小时:分钟:秒:帧"，单击其右侧的微调按钮，可以调整数值的大小，也可以单击时间码上的数字，待数字处于闪烁状态时，输入新的数字，然后按【Enter】键确认，此时即可改变原来照片素材的播放时间。如下图所示为照片素材原图与调整区间后的效果。

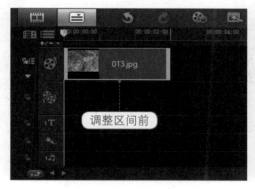

- 色彩校正：单击该按钮，在打开的相应选项面板中拖曳滑块，即可对视频原色调、饱和度、亮度及对比度等进行设置。
- 保持宽高比：单击"保持宽高比"右侧的下三角按钮，在弹出的下拉列表中选择相应的选项，即可调整预览窗口中素材的大小和样式。
- 摇动和缩放：选择该单选按钮，可以设置照片素材的摇动和缩放效果。该选项向用户提供了多种预设样式，用户可根据需要进行相应的选择。
- 自定义：选择"摇动和缩放"单选按钮后，单击"自定义"按钮，在弹出的对话框中，可以对选择的摇动和缩放样式进行相应的编辑与设置。

在"视频"选项面板中，各主要选项含义如下。

- 速度/时间流逝：单击"速度/时间流逝"按钮，在弹出的对话框中可以设置视频素材的回放速度和流逝时间。
- 反转视频：选择"反转视频"复选框，可以对视频素材进行反转操作。
- 抓拍快照：单击"抓拍快照"按钮，可以在视频素材中快速抓取静态图像。
- 分割音频：在视频轨中选择相应的视频素材后，单击"分割音频"按钮，即可将视频中的音频分割出来。
- 按场景分割：在视频轨中选择相应的视频素材后，单击"按场景分割"按钮，在弹出的对话框中，用户可以对视频文件按场景分割为多段单独的视频文件。
- 多重修整视频：单击"多重修整视频"按钮，弹出"多重修整视频"对话框，在此对话框中用户可以对视频文件进行多重修整操作，也可以将视频按照指定的区间长度进行分割和修剪。

1.2.4 预览窗口

预览窗口位于操作界面的左上角，如右图所示。在预览窗口中，用户可以查看正在编辑的项目，也可以预览视频、转场、滤镜及字幕等效果。

专家指点

在预览窗口中添加字幕后，用户可根据需要在预览窗口中调整字幕的大小、位置、形状及字体的相应属性等。

1.2.5 导览面板

在预览窗口下方的导览面板上有一排播放控制按钮和功能按钮，用于预览和编辑项目中的素材，如右图所示。用户可通过选择导览面板中不同的播放模式，对所选的项目或素材进行播放。使用"修整标记"和"擦洗器"可以对素材进行编辑，将鼠标指针移动到按钮或对象上方时会出现提示信息，显示该按钮的名称。

导览面板

在导览面板中，各按钮含义如下。

◎ "播放修整后的素材"按钮▶：单击该按钮，便可以播放修整栏上选取的项目、视频或音频素材。按住【Shift】键的同时单击该按钮，可以播放整个素材区间（在"开始标记"和"结束标记"之间）。在播放时，单击该按钮，可以停止播放视频。

◎ "起始"按钮◀：返回到项目、素材或所选区域的起始点。

◎ "上一帧"按钮◀：返回到项目、素材或所选区域的上一帧。

◎ "下一帧"按钮▶：返回到项目、素材或所选区域的下一帧。

◎ "结束"按钮▶：返回到项目、素材或所选区域的终止点位置。

◎ "重复"按钮↻：连续播放项目、素材或所选区域。

◎ "系统音量"按钮◀))：单击该按钮，然后拖动弹出的滑块，可以调整素材的音频音量，如下左图所示。拖动该滑块会同时调整扬声器的音量。

◎ "开始标记"按钮[：用于标记素材的起始点。

◎ "结束标记"按钮]：用于标记素材的结束点。

◎ "按照飞梭栏的位置分割素材"按钮✂：将鼠标指针定位到需要分割的位置，单击该按钮，即可将所选的素材剪切为两段，如下右图所示。

◎ "擦洗器"滑块▽：单击并拖动该滑块，可以浏览素材，停顿的位置显示在当前预览窗口的内容中。

◎ "修整标记"滑块▣：用于修整、编辑和剪辑视频素材。

◎ "扩大"按钮▣：单击该按钮，可以在较大的窗口中预览项目或素材。

◎ "时间码"数值框：通过指定时间，可以直接调整到项目或所选素材的特定位置。

▶ 1.2.6 素材库

素材库用于保存和管理各种多媒体素材。素材库中的素材种类主要包括视频、图像、音频、色彩、转场、视频滤镜、标题、装饰和Flash动画等。如下图所示为转场的"全部"素材库与"对象"素材库。

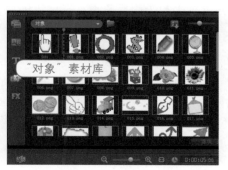

1.2.7 时间轴

时间轴位于整个操作界面的最下方，用于显示项目中包含的所有素材、标题和效果，它是整个项目编辑的关键窗口，如下图所示。

1.3 掌握会声会影X4的基本操作

使用会声会影X4对视频进行编辑时，会涉及一些项目或软件的基本操作，如启动与退出会声会影X4、新建项目、打开项目及保存项目等。本节将主要向用户介绍会声会影X4中的基本操作方法。

1.3.1 启动会声会影X4

将会声会影X4安装到计算机上后，即可使用该应用程序编辑视频。在编辑视频之前，用户首先需要掌握启动该软件的方法。将会声会影X4安装至计算机中后，程序会自动在桌面上创建一个程序快捷方式，双击快捷方式目标，可以快速启动该应用程序；用户还可以从"开始"菜单中，单击会声会影X4的相应命令，启动该应用程序。下面以从桌面启动会声会影X4应用程序为例，介绍启动会声会影X4的操作步骤。

边学边练001 **利用"打开"命令启动** | 关键技法："打开"命令

 视频文件 光盘\视频\Chapter 01\001 启动会声会影X4.mp4

▶ 操作步骤

步骤01 在桌面的Corel VideoStudio Pro X4应用程序图标上单击鼠标右键，在弹出的快捷菜单中单击"打开"命令，如右图所示。

专家指点

除了上面介绍的启动应用程序的方法外，用户还可以从会声会影X4的安装目录中，找到vstudio.exe程序图标，通过双击该图标，也可以快速启动会声会影X4应用程序。

步骤 02 执行操作后，即可启动会声会影X4
应用程序，进入会声会影X4欢迎界面，单击
右上角的关闭按钮，进入会声会影X4的工作
界面，如右图所示。

专家指点

  在Windows XP系统桌面上，
选择需要启动的Corel VideoStudio Pro
X4程序图标，按【Enter】键确认，也可
以快速启动会声会影X4应用程序。

1.3.2 退出会声会影X4

  当用户运用会声会影X4编辑完视频后，
为了节约系统内存空间，提高系统运行速
度，此时可以退出会声会影X4应用程序。

  退出会声会影X4应用程序的方法很简
单，只需在会声会影X4工作界面中单击"文
件"菜单，在弹出的下拉菜单中单击"退
出"命令，如右图所示。执行该操作后，即
可退出会声会影X4应用程序。

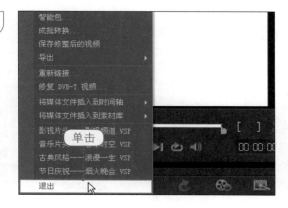

专家指点

  除了运用上述方法退出会声会影X4外，用户还可以使用以下两种方法。

◎ 单击工作界面右上角的"关闭"按钮×，关闭工作界面。
◎ 按【Alt＋F4】组合键，强制退出会声会影X4应用程序。

1.3.3 新建项目文件

  会声会影X4的项目文件是VSP格式的文件，用来存放制作影片所需要的必要信息，包括
视频素材、图像素材、声音文件、背景音乐及字幕和特效等。但是，项目文件本身并不是影
片，只有在最后的分享步骤中经过渲染输出，才能将项目文件中的所有素材连接在一起，生
成最终的影片。在运行会声会影X4时，会自动
打开一个新项目，以便让用户开始制作视频作
品。如果是第一次使用会声会影X4，那么新项
目将使用会声会影X4的初始默认设置。否则，
新项目将使用上次使用的项目设置。项目设置
可以决定预览项目时的视频项目渲染方式。

  新建项目文件的操作方法很简单，只需
在菜单栏上单击"文件"菜单，在弹出的下
拉菜单中单击"新建项目"命令即可，如右
图所示。

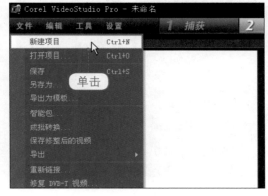

专家指点

　　如果用户没有对正在编辑的文件进行保存，在新建项目的过程中，会弹出提示框，提示用户是否保存当前文档。单击"是"按钮，即可保存项目文件；单击"否"按钮，将不保存项目文件；单击"取消"按钮，将取消项目文件的新建操作。

▶ 1.3.4　打开项目文件

　　在会声会影X4中打开项目文件后，便可以编辑影片中的视频素材、图像素材、声音文件、背景音乐及文字和特效等内容，然后根据需要，渲染并生成新的影片。下面介绍打开项目文件的步骤。

边学边练002　打开"可爱小狗"项目文件　　　关键技法："打开项目"命令

▶ 效果展示

　　本实例打开的素材文件效果如下图所示。

素材文件	光盘\素材\Chapter 01\可爱小狗.VSP
视频文件	光盘\视频\Chapter 01\002 打开项目文件.mp4

▶ 操作步骤

步骤01 在会声会影X4的工作界面中，单击"文件"菜单，在弹出的下拉菜单中单击"打开项目"命令，如下图所示。

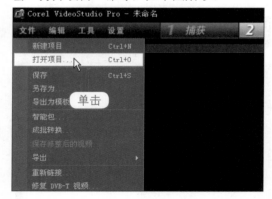

步骤02 此时，弹出"打开"对话框，在其中选择需要打开的项目文件，如下图所示，单击"打开"按钮，即可打开项目文件。

专家指点

除了运用上述方法打开项目文件外，用户还可以使用以下两种方法。

◎ 按【Ctrl＋O】组合键，可以快速弹出"打开"对话框。

◎ 双击扩展名为.exe的会声会影源文件，也可以快速打开文件。

▷ 1.3.5　保存项目文件

在影片编辑过程中，保存项目非常重要。编辑影片后保存项目文件，可保存视频素材、图像素材、声音文件、背景音乐及字幕和特效等所有信息。如果对保存后的影片有不满意的地方，还可以重新打开项目文件，修改其中的部分属性，然后对修改后的各个元素进行渲染并生成新的影片。

边学边练003　**另存"爱情庄园"项目文件**　　　关键技法："另存为"命令

▶ **效果展示**

本实例要保存的素材文件效果如下图所示。

素材文件	光盘\素材\Chapter 01\爱情庄园.VSP
效果文件	光盘\效果\Chapter 01\爱情庄园.VSP
视频文件	光盘\视频\Chapter 01\003 保存项目文件.mp4

▶ **操作步骤**

步骤01 单击"文件"|"打开项目"命令，弹出"打开"对话框，在其中选择需要打开的项目文件，单击"打开"按钮，即可打开项目文件，如右图所示。

步骤02 单击"文件"|"另存为"命令，弹出"另存为"对话框，在其中设置文件的保存位置及文件名称，如下图所示，单击"保存"按钮，即可保存项目文件。

专家指点

除了运用上述方法保存项目文件外，用户还可以使用以下两种方法。

◉ 按【Ctrl+S】组合键，可以快速保存项目文件。

◉ 单击"文件"|"保存"命令，也可以快速保存项目文件。

▷ 1.3.6 保存为压缩文件

在会声会影X4中，可以为智能包提供WinZip存档选项，项目中的所有元素都可以打包在一起，以方便用户携带。

边学边练004 **压缩"婚纱"文件** 关键技法："智能包"命令

▶ 效果展示

本实例要压缩的素材文件效果如下图所示。

素材文件	光盘\素材\Chapter 01\婚纱01.jpg、婚纱02.jpg
效果文件	光盘\效果\Chapter 01\婚纱.zip
视频文件	光盘\视频\Chapter 01\004 保存为压缩文件.mp4

▶ 操作步骤

步骤01 单击"文件"|"打开项目"命令，弹出"打开"对话框，在其中选择需要打开的项目文件，单击"打开"按钮，即可打开项目文件，如下左图所示。

步骤02 单击"文件"|"智能包"命令，弹出提示信息框，单击"是"按钮，将文件保存后，弹出"智能包"对话框，选择"压缩文件"单选按钮，如下右图所示。

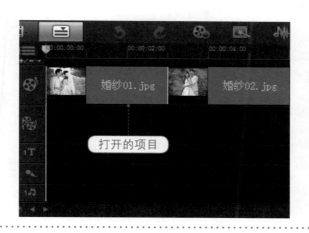

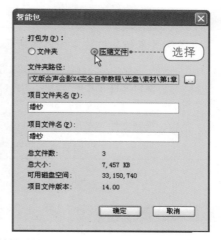

步骤03 单击"确定"按钮，弹出"压缩项目包"对话框，在其中选择"加密添加文件"复选框，如下左图所示。

步骤04 单击"确定"按钮，弹出"加密"对话框，在"请输入密码"下方的文本框中输入密码，在"重新输入密码（用于确认）"下方的文本框中再次输入密码，如下右图所示，单击"确定"按钮，即可压缩文件。

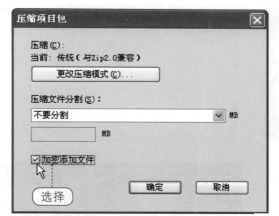

1.4 设置界面布局与预览窗口

在会声会影X4中，用户可以根据个人的习惯爱好设置不同的界面布局与预览窗口，主要包括自定义界面、调整界面布局、恢复默认界面布局及设置预览窗口的背景色等基本操作。

1.4.1 自定义界面

在会声会影X4中，用户可以将自己喜爱的窗口布局样式保存为软件自定义的界面，方便以后对视频进行编辑。

效果展示

本实例的素材文件效果如右图所示。

素材文件	光盘\素材\Chapter 01\ 真爱.VSP
视频文件	光盘\视频\Chapter 01\ 005 自定义界面.mp4

操作步骤

步骤01 单击"文件"|"打开项目"命令，打开项目文件，如下左图所示。

步骤02 单击"设置"|"参数选择"命令，弹出"参数选择"对话框，切换至"界面布局"选项卡，在"布局"选项区中选择"自定义1"单选按钮，如下右图所示。

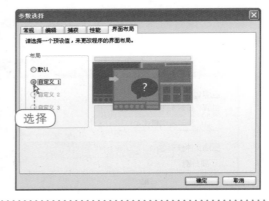

步骤03 单击"确定"按钮，即可自定义界面布局，以调整工作界面样式，如右图所示。

专家指点

在会声会影X4中，按【F6】键，也可以快速弹出"参数选择"对话框。该对话框中包括多个选项卡，用户可根据需要对选项卡中的参数进行相应设置。

> **1.4.2** 调整界面布局

在会声会影X4中，用户可以通过鼠标拖曳调整窗口的布局样式，从而快速得到想要的样式。

边学边练006　通过拖曳鼠标调整布局　　关键技法：拖曳界面，拉伸线条

 效果展示

本实例的素材文件效果如右图所示。

素材文件	光盘\素材\Chapter 01\ 幸福之花.VSP
视频文件	光盘\视频\Chapter 01\ 006 调整界面布局.mp4

操作步骤

步骤01 单击"文件"|"打开项目"命令，打开项目文件，将鼠标指针移至时间轴面板上方的拉伸线条处，如下图所示。

调整布局前

步骤02 单击鼠标左键并向下拖曳至合适位置后，释放鼠标，即可调整界面布局样式，效果如下图所示。

调整布局后

▶ 1.4.3　恢复默认界面布局

在会声会影X4中，当用户对调整的界面布局不满意时，此时可以将窗口界面布局恢复为默认状态。

边学边练007　利用"界面布局"选项卡恢复默认布局　　关键技法："默认"命令

效果展示

本实例的素材文件效果如下图所示。

素材文件	光盘\素材\Chapter 01\幸福回味. VSP
视频文件	光盘\视频\Chapter 01\007 恢复默认界面布局. mp4

▶ 操作步骤

步骤01 单击"文件"|"打开项目"命令，打开项目文件，单击"设置"|"布局设置"|"切换到"|"默认"命令，如下图所示。

步骤02 执行操作后，即可将界面布局恢复为默认状态，如下图所示。用户还可以单击"设置"|"参数选择"命令，在弹出的"参数选择"对话框中切换至"界面布局"选项卡，选择"默认"单选按钮，快速恢复至默认界面布局。

专家指点

在会声会影X4中，用户也可以通过鼠标拖曳的方式还原到界面布局默认状态，从而将窗口调整到适当大小，还可以将窗口移出工作界面。

▷ 1.4.4 设置预览窗口的背景色

在会声会影X4中设置预览窗口的背景色时，用户可以根据素材的颜色及画面的色彩进行调整，使整个画面达到和谐统一的效果。

边学边练008 将背景色设置为白色　　　　　　　关键技法："背景色"色块

▶ 效果展示

本实例的素材文件效果如下图所示。

素材文件	光盘\素材\Chapter 01\高贵典雅.VSP
视频文件	光盘\视频\Chapter 01\008 设置预览窗口的背景色.mp4

▶ 操作步骤

步骤01 单击"文件"|"打开项目"命令，打开项目文件，如下图所示。

步骤02 单击"设置"|"参数选择"命令，弹出"参数选择"对话框，在"常规"选项卡中，在"预览窗口"选项区中单击"背景色"右侧的色块，在弹出的颜色面板中选择白色，如下图所示。

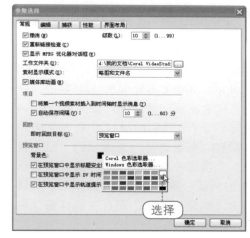

步骤03 单击"确定"按钮，即可预览到窗口中的背景色变为白色，效果如右图所示。

Chapter 01
Chapter 02
Chapter 03
Chapter 04
Chapter 05
Chapter 06
Chapter 07
Chapter 08
Chapter 09

1.4.5 显示标题安全区域

在会声会影X4中添加标题文本时，最好显示标题的安全区域。如果输入的标题文本超出了标题安全区域，那么输出的影片将看不到超出标题安全区域的标题文字。在预览窗口中显示标题安全区域的操作方法很简单，只需单击"设置"|"参数选择"命令，在弹出的"参数选择"对话框中切换到"常规"选项卡，在"预览窗口"选项区中选择"在预览窗口中显示标题安全区域"复选框，然后单击"确定"按钮，即可在预览窗口中显示标题安全区域。如下图所示为显示与隐藏标题安全区域的效果。

1.4.6 显示DV时间码

在播放视频素材时，会在预览窗口中显示它的时间码，但显卡必须是VMR（Video Mixing Renderer）兼容的，否则可能会出现回放故障。在会声会影X4中显示DV时间码的操作方法很简单，只需在"参数选择"对话框的"预览窗口"选项区中选择"在预览窗口中显示DV时间码"复选框，如右图所示，然后单击"确定"按钮，即可在预览窗口中显示DV时间码。

本章小结

本章主要向用户介绍了会声会影X4的新增功能、工作界面、基本操作及设置界面布局与预览窗口的操作方法。通过对本章的学习，用户对会声会影X4有了一个初步的了解和认识，了解了会声会影X4在会声会影X3的基础上新增的功能，熟悉了工作界面的各部分及项目文件的基本操作等，为后面的学习奠定基础。

02 会声会影X4向导应用

在会声会影X4中，提供了多种类型的向导主题模板，如"DV转DVD向导"、"开始"主题模板、"完成"主题模板及其他各种类型的模板等。运用这些主题模板，可以将大量生活和旅游照片制作成动态影片。本章将主要向用户介绍向导的各种应用方法，包括"DV转DVD向导"和各类主题模板等。

▶ 知识要点

1 了解向导流程
2 会声会影X4向导界面
3 连接DV摄像机
4 启动"DV转DVD向导"
5 扫描DV场景
6 标记视频场景
7 设置主题模板
8 刻录DVD光盘
9 应用"开始"主题模板
10 应用"完成"主题模板
11 应用视频主题模板
12 应用图像主题模板
13 应用"Flash动画"主题模板

▶ 本章重点

1 熟悉会声会影X4的向导界面
2 连接DV摄像机
3 扫描DV场景
4 刻录DVD光盘
5 应用"开始"主题模板
6 应用"完成"主题模板
7 应用视频主题模板
8 应用"Flash动画"主题模板

▶ 效果欣赏

2.1 熟悉向导界面

　　使用"DV转DVD向导"，可在不占用硬盘空间的情况下，通过两个简单的步骤从DV捕获视频并直接刻录成DVD光盘。在刻录之前，还可以为影片添加动态菜单。这样，为需要快速将录像带转录成DVD光盘的用户提供了极大的方便。本节主要向用户简单介绍会声会影X4中的向导界面，为后面的学习奠定基础。

2.1.1 了解向导流程

　　使用"DV转DVD向导"，可以将用户使用DV拍摄的录像制作成小电影，该向导的工作流程主要包括以下两个方面。

- ◎ 捕获视频：捕获DV摄像机中的视频素材。
- ◎ 输出影片：该向导可以将捕获的影片刻录成DVD-Video。

2.1.2 会声会影X4向导界面

　　进入会声会影X4界面，在菜单栏上单击"工具"|"DV转DVD向导"命令，即可进入"DV转DVD向导"界面，如右图所示。

　　在"DV转DVD向导"界面中，各按钮和选项的含义如下。

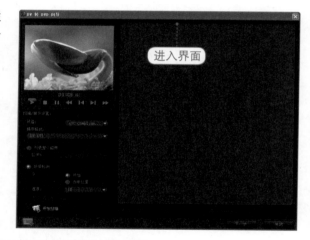

- ◎ "播放"按钮▶：单击该按钮，可以播放DV摄像机中的视频文件。
- ◎ "停止"按钮■：单击该按钮，将停止播放DV摄像机中的视频文件。

- ◎ "暂停"按钮⏸：单击该按钮，将暂停播放DV摄像机中的视频文件。
- ◎ "快退"按钮⏪：单击该按钮，将对DV摄像机中的视频进行快退操作。
- ◎ "上一帧"按钮⏮：单击该按钮，将播放DV摄像机中上一帧的视频画面。
- ◎ "下一帧"按钮⏭：单击该按钮，将播放DV摄像机中下一帧的视频画面。
- ◎ "快进"按钮⏩：单击该按钮，将对DV摄像机中的视频进行快进操作。
- ◎ "设备"列表框：在该下拉列表中，用户可以选择相应的DV摄像机。
- ◎ "捕获格式"列表框：在该下拉列表中，用户可以选择DV的视频捕获格式。
- ◎ "刻录整个磁带"单选按钮：选择该单选按钮，将对DV摄像机中整个磁带上的视频进行刻录操作。
- ◎ "场景检测"单选按钮：选择该单选按钮，将对DV摄像机中的视频捕获场景进行相应设置。
- ◎ "速度"列表框：在该下拉列表中，用户可以选择捕获DV视频的速度。
- ◎ "播放所选场景"按钮：单击该按钮，可以对捕获后的视频进行播放操作。
- ◎ "开始扫描"按钮：单击该按钮，即可扫描DV摄像机中的视频文件。
- ◎ "标记场景"按钮：单击该按钮，即可对捕获后的视频场景进行标记操作。

◎ "不标记场景"按钮：单击该按钮，即可取消标记后的视频场景片段。

◎ "全部删除"按钮：单击该按钮，即可删除捕获到的所有视频场景片段。

2.2 运用"DV转DVD向导"

运用"DV转DVD向导"可快速制作影片，本节将主要对用户介绍连接DV摄像机、启动"DV转DVD向导"、扫描DV场景、标记视频场景、设置主题模板及刻录DVD光盘等操作进行详细的介绍。

2.2.1 连接DV摄像机

用户若要从摄像机上捕获视频，首先需要正确安装IEEE 1394卡，然后通过IEEE 1394线将摄像机与计算机正确连接。

边学边练009 连接DV摄像机

▶ 操作步骤

步骤01 将各类设备准备好，取出IEEE 1394连接线，打开摄像机上有DV标志的端口盖，找到摄像机上的DV接口，然后将IEEE 1394线的一端与摄像机的DV接口相连，如下左图所示。

步骤02 将IEEE 1394线的另一端与台式计算机后方的IEEE 1394卡连接，如下中图所示。

步骤03 打开DV电源，将DV上的开关置于VCR（播放）挡，此时，屏幕上将弹出"自动播放"对话框，提示用户已经连接成功，如下右图所示。

专家指点

如果摄像机没有与计算机正确连接，或者没有把摄像机切换到VTR（VCR）挡，或者没有正确安装所需要的驱动程序，在尝试捕获视频时，会弹出一个信息提示框，提示未检测到捕获设备。

2.2.2 启动"DV转DVD向导"

在使用"DV转DVD向导"捕获视频素材之前，首先需要启动"DV转DVD向导"，进入其工作界面，再进行其他操作。

Chapter 01
Chapter 02
Chapter 03
Chapter 04
Chapter 05
Chapter 06
Chapter 07
Chapter 08
Chapter 09

视频文件　光盘\视频\Chapter 02\010 启动"DV转DVD向导".mp4

▶ 操作步骤

步骤01 进入会声会影X4后，单击"工具"|"DV转DVD向导"命令，如下图所示。

步骤02 此时，即可打开"DV转DVD向导"界面，如下图所示。

2.2.3 扫描DV场景

在会声会影X4中，使用"DV转DVD向导"功能时，第一步就要对DV中录制的场景进行扫描。

 视频文件　光盘\视频\Chapter 02\011 扫描DV场景.mp4

▶ 操作步骤

步骤01 进入"DV转DVD向导"界面，单击界面底部的"开始扫描"按钮，如下图所示，便开始扫描影片。

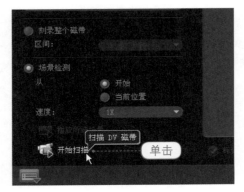

步骤02 扫描至合适片段后，单击"停止扫描"按钮，在右侧窗格中将显示扫描到的所有视频场景片段，如下图所示。

中文版会声会影X4完全学习手册（全彩超值版）

2.2.4 标记视频场景

在"DV转DVD向导"中，进行标记的场景缩略图右下角将显示一个对勾的符号，进行标记的视频场景都会刻录在DVD光盘上。

边学边练012 **标记视频场景** 关键技法："标记场景"按钮

视频文件 光盘\视频\Chapter 02\012 标记视频场景.mp4

▶ **操作步骤**

步骤01 在"DV转DVD向导"界面的右侧空格中，选择需要标记的视频场景片段，单击界面下方的"标记场景"按钮，如下图所示。若用户不需要对场景进行标记，可单击"不标记场景"按钮。

步骤02 此时，即可对视频场景片段进行标记操作，被标记的场景下方将显示对勾符号，如下图所示。

 2.2.5 设置主题模板

标记需要刻录的视频场景后，接下来可根据需要设置视频文件的主题模板，使视频效果更加丰富多彩。

边学边练013 **设置主题模板** 关键技法：选择相应主题模板

视频文件 光盘\视频\Chapter 02\013 设置主题模板.mp4

▶ **操作步骤**

步骤01 单击界面右下方的"下一步"按钮，可转到下一个步骤的界面，如右图所示。

Chapter **01**

Chapter **02**

Chapter **03**

Chapter **04**

Chapter **05**

Chapter **06**

Chapter **07**

Chapter **08**

Chapter **09**

步骤 02 在"主题模板"下方，选择相应的主题模板样式，如右图所示，即可设置视频主题模板。

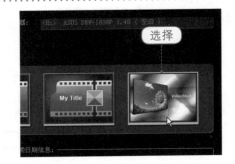

专家指点

在刻录界面中，用户还可以编辑主题模板中的标题字幕，使其符合用户的需要，其方法很简单，只需单击"主题模板"右侧的"编辑标题"按钮，即可在弹出的对话框中进行编辑。

▶ 2.2.6 刻录DVD光盘

在"DV转DVD向导"界面中，当用户对视频进行扫描并设置相应的主题模板后，接下来可以对视频文件进行刻录操作。

| 边学边练014 | 刻录DVD光盘 | 关键技法："刻录"按钮 |

 视频文件 光盘\视频\Chapter 02\014 刻录DVD光盘.mp4

▶ **操作步骤**

步骤 01 在"DV转DVD向导"界面中，设置光盘的卷标名称，如下图所示。

步骤 02 设置完成后，单击界面下方的"刻录"按钮，如下图所示，即可将DV中的视频文件刻录到DVD光盘上。

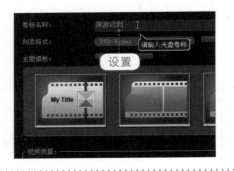

专家指点

在"DV转DVD向导"窗口中，当用户设置好光盘的卷标名称后，此时用户需要将一张空白的DVD光盘放入光驱中，然后单击"刻录"按钮，刻录DVD光盘。

▶ 2.3 应用向导各类主题模板

会声会影X4向用户提供了多种类型的主题模板，如向导主题模板、完成主题模板、视频主题模板及其他各种类型的模板等。用户运用这些主题模板，可以将大量生活和旅游照片等制作成动态影片。

2.3.1 应用"开始"主题模板

在"即时项目"影片模板中，提供了多种模板类型，用户可根据需要选择相应的主题模板。下面向用户介绍应用"开始"影片模板的步骤。

边学边练015 应用"开始"模板　　　　　关键技法："即时项目"按钮

效果展示

本实例的最终效果如下图所示。

效果文件	光盘\效果\Chapter 02\"开始"模板.VSP
视频文件	光盘\视频\Chapter 02\015 应用"开始"主题模板.mp4

操作步骤

步骤01 进入会声会影X4，在时间轴面板的上方单击"即时项目"按钮，如下左图所示。

步骤02 此时，弹出"即时项目"对话框，在"选择项目"下拉列表中，选择"开始"主题模板，如下右图所示，单击"插入"按钮，即可在视频轨中插入主题模板。单击导览面板中的"播放修整后的素材"按钮，即可预览主题模板动画效果。

Chapter 01
Chapter 02
Chapter 03
Chapter 04
Chapter 05
Chapter 06
Chapter 07
Chapter 08
Chapter 09

专家指点

在"即时项目"对话框中，用户还可以在对话框的下方选择"在结尾处添加"单选按钮，此时即可在视频的结尾处添加向导模板。

2.3.2 应用"完成"主题模板

在会声会影X4的"即时项目"对话框中，用户还可以根据需要添加"完成"主题模板至视频轨中。

边学边练016 **应用"完成"模板** 关键技法："即时项目"按钮

▶ 效果展示

本实例的最终效果如下图所示。

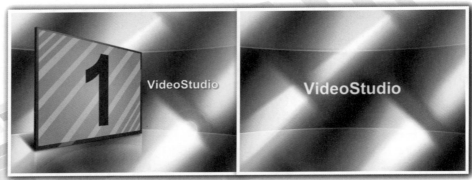

效果文件	光盘\效果\Chapter 02\"完成"模板.VSP
视频文件	光盘\视频\Chapter 02\016 应用"完成"主题模板.mp4

▶ 操作步骤

步骤01 进入会声会影X4，在时间轴面板的上方单击"即时项目"按钮，弹出"选择项目"对话框，单击"开始"右侧的下三角按钮，在弹出的下拉列表中选择"完成"选项，如下图所示。

步骤02 此时，在下方自动弹出主题模板，如下图所示，单击"插入"按钮，即可在视频轨中插入"完成"主题模板。单击导览面板中的"播放修整后的素材"按钮，即可预览主题模板效果。

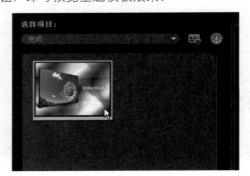

2.3.3 应用"视频"主题模板

在会声会影X4的媒体素材库中，向用户提供了多种视频模板，用户可根据需要添加相应的主题模板至视频轨中。

边学边练017 **应用"视频"模板** 关键技法：拖曳至视频轨中

效果展示

本实例的最终效果如下图所示。

素材文件	光盘\素材\Chapter 02\花.VSP
效果文件	光盘\效果\Chapter 02\花.VSP
视频文件	光盘\视频\Chapter 02\017 应用"视频"主题模板.mp4

操作步骤

步骤01 进入会声会影X4，打开一个项目文件，在媒体素材库中，选择需要添加至视频轨中的视频模板，如下图所示。

步骤02 单击鼠标左键并拖曳至视频轨中的开始位置后，释放鼠标，即可添加视频模板，如下图所示。单击导览面板中的"播放修整后的素材"按钮，即可预览视频动画效果。

2.3.4 应用"图像"主题模板

在会声会影X4的媒体素材库中，用户不仅可以将视频素材添加到视频轨中，还可以将图像素材添加至视频轨中。会声会影X4提供的图像样式有很多种，包括风景、生活、水果、边框、相册及花朵等，用户可根据需要进行选择。

▶ 效果展示

本实例的最终效果如下图所示。

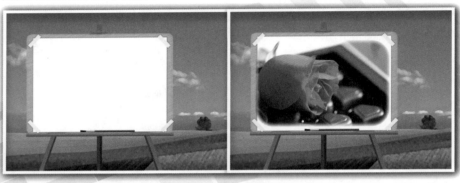

素材文件	光盘\素材\Chapter 02\玫瑰花.VSP
效果文件	光盘\效果\Chapter 02\玫瑰花.VSP
视频文件	光盘\视频\Chapter 02\018 应用"图像"主题模板.mp4

▶ 操作步骤

步骤01 进入会声会影X4，打开项目文件，在媒体素材库中，选择需要添加至视频轨中的图像模板，如下图所示。

步骤02 单击鼠标左键并拖曳至视频轨中的开始位置后，释放鼠标，即可添加图像模板，如下图所示。单击导览面板中的"播放修整后的素材"按钮，即可预览图像模板效果。

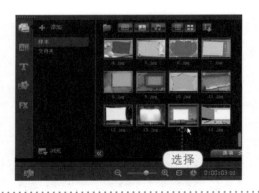

▷ 2.3.5   应用"Flash动画"主题模板

会声会影X4向用户提供了多种样式的Flash模板，用户可根据需要进行相应的选择，并将其添加至覆叠轨或视频轨中。

边学边练019　应用"Flash动画"模板

▶ 效果展示

本实例的最终效果如下图所示。

素材文件	光盘\素材\Chapter 02\两情相悦.VSP
效果文件	光盘\效果\Chapter 02\两情相悦.VSP
视频文件	光盘\视频\Chapter 02\019 应用"Flash动画"主题模板.mp4

▶ 操作步骤

步骤01 进入会声会影X4，打开一个项目文件，单击"图形"按钮，切换至图形素材库，单击窗口上方的"画廊"按钮，在弹出的下拉列表中选择"Flash动画"选项，如下图所示。

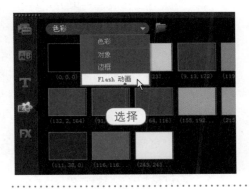

步骤02 在"Flash动画"素材库中，选择相应的动画素材，单击鼠标左键并拖曳至覆叠轨中的开始位置，释放鼠标左键，即可添加Flash模板，如下图所示。单击导览面板中的"播放修整后的素材"按钮，即可预览Flash模板效果。

本章小结

　　本章内容主要针对的是想快速上手的用户。本章简单介绍了影片的基本操作和如何使用会声会影X4的"DV转DVD向导"快速制作影片的操作方法，以及应用软件中各向导主题模板制作的操作方法。通过对本章的学习，相信用户能够制作出一些简单的影片，并在制作过程中掌握其方法和技巧。

Chapter

03 捕获与导入视频素材

素材的捕获是进行视频编辑的首要环节，好的视频作品离不开高质量的素材，也离不开正常、具有创造性的剪辑。要捕获高质量的视频文件，好的硬件固然很重要，但合理的捕获方法也是捕获高质量视频文件的有效途径。本章主要向用户介绍捕获与导入视频素材的各种操作方法。

▶ 知识要点

1 安装1394视频卡
2 设置1394视频卡
3 连接台式电脑
4 连接笔记本电脑
5 启动DMA设置
6 设置虚拟内存
7 禁用写入缓存
8 清理磁盘文件
9 捕获视频
10 设置影片捕获格式
11 设置影片捕获区间
12 从开始检测场景
13 按场景分割视频

14 捕获静态图像
15 禁止音频播放
16 运用定格动画捕获图像
17 设置捕获文件夹
18 设置图像捕获位置
19 设置静态图像保存格式
20 硬盘式DV与闪存式DV
21 从DVD光盘中捕获视频
22 从高清数码摄像机中捕获视频
23 从优盘中导入视频
24 通过摄像头捕获视频
25 添加JPG格式的素材
26 添加MPG格式的素材

▶ 本章重点

1 设置影片捕获格式
2 设置影片捕获区间
3 按场景分割视频

4 运用定格动画捕获图像
5 从高清数码摄像机中捕获视频
6 通过摄像头捕获视频

▶ 效果欣赏

3.1 1394卡的安装与连接

IEEE 1394是一种外部串行总线标准，数据传输速率可达200～400Mbps，研发中的IEEE 1394b数据传输速率更高，可达800～3.2Gbps。通过DV端子及专用的IEEE 1394线可以直接把DV拍摄的高质量视频、音频信号同步传输到计算机中，并且不会产生质量损失。

目前，IEEE 1394接口已逐渐成为个人计算机的基本配置，许多计算机主板已经内置了IEEE 1394接口，越来越多的计算机外设及家电产品也把IEEE 1394作为标准传输接口，如Sony PS2、DV摄像机、D8摄像机、Sony MV摄像机、1394接口的外接盒、1394接口的打印机和1394接口的扫描仪。

3.1.1 安装1394视频卡

对于业余爱好者来说，有一款IEEE 1394接口卡和一款不错的视频采集软件就足以应付平时的使用了。在绝大多数场合中，1394卡只是作为一种影像采集设备，用来连接DV和计算机，其本身并不具备视频的采集和压缩功能，它只是为用户提供多个1394接口，以便连接1394硬件设备。下面介绍安装1394视频卡的操作步骤。

边学边练020　安装1394视频卡

▶ 操作步骤

步骤01 准备好1394视频卡，关闭计算机电源，并拆开机箱，找到1394卡的PCI插槽，如下图所示。

步骤02 找到PCI插槽后，将1394视频卡插入主板的PCI插槽上，如下图所示。

步骤03 使用螺钉紧固1394卡，如下图所示。

步骤04 执行上述操作后，即可完成1394卡的安装，如下图所示。

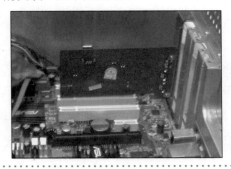

Chapter 01
Chapter 02
Chapter 03
Chapter 04
Chapter 05
Chapter 06
Chapter 07
Chapter 08
Chapter 09

完成1394卡的连接工作后，启动计算机，系统会自动查找并安装1394卡的驱动程序。若需要确认1394卡的安装情况，可以自行进行设置。

| 边学边练021 | 设置1394视频卡 | 关键技法："IEEE 1394总线主控制器"选项 |

| 视频文件 | 光盘\视频\Chapter 03\021 设置1394视频卡.mp4 |

▶ 操作步骤

步骤01 在"我的电脑"图标上单击鼠标右键，在弹出的快捷菜单中单击"管理"命令，如下图所示。

步骤02 打开"计算机管理"窗口，在左侧窗格中选择"设备管理器"选项，在右侧窗格中即可查看"IEEE 1394总线主控制器"选项，如下图所示。

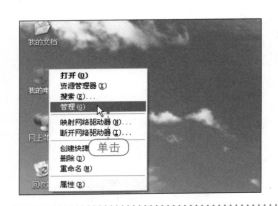

3.1.3 连接台式电脑

安装好IEEE1394视频卡后，接下来就需要使用1394视频卡连接计算机，这样才可以进入视频的捕获阶段。目前，台式电脑已经成为大多数家庭或企业的首选。因此，掌握运用1394视频线与台式电脑的1394接口的连接显得更为重要。

| 边学边练022 | 连接台式电脑 | 关键技法：插入接口 |

▶ 操作步骤

步骤01 将IEEE 1394视频线取出，在台式电脑的机箱后找到IEEE 1394卡的接口，并将IEEE 1394视频线一端的接头插入接口处，如下左图所示。

步骤02 将IEEE 1394视频线的另一端连接到DV摄像机，如下右图所示。此时，即可完成与台式电脑与1394接口的连接操作。

 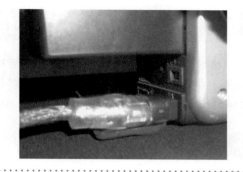

▷ 3.1.4　连接笔记本电脑

　　如今，许多的笔记本电脑都内置了4-Pin的IEEE 1394接口，用户只需要一条4-Pin对4-Pin的IEEE 1394视频线，即可连接笔记本电脑。

边学边练023　**连接笔记本电脑**	关键技法：插入1394接口

▶ 操作步骤

步骤01　在笔记本电脑的后方找到4-Pin的IEEE 1394卡的接口，如下图所示。

步骤02　将视频线插入笔记本电脑的1394接口处，如下图所示。此时，即可通过会声会影X4将DV摄像机中的视频内容捕获至笔记本电脑中。

 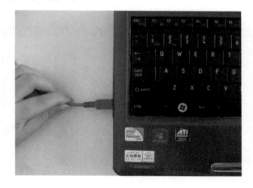

专家指点

　　PCMCIA接口的IEEE 1394卡的价位比较高，在使用笔记本电脑进行视频编辑时，要注意工作效率的问题。

专家指点

　　由于笔记本电脑的整体性能不如相同配置的台式机，再加上笔记本电脑往往没有配备转速较高的硬盘，所以，在使用笔记本电脑进行视频编辑时，最好选择传输速率较高的PCMCIA IEEE 1394卡及转速较高的硬盘。

Chapter 01
Chapter 02
Chapter 03
Chapter 04
Chapter 05
Chapter 06
Chapter 07
Chapter 08
Chapter 09

3.2 视频采集系统优化

将捕获到的素材存放在会声会影的素材库中，将方便日后的剪辑操作。因此，用户需要在捕获前做好必要的准备，如启动DMA设置、设置虚拟内存、禁用写入缓存及整理与清理磁盘等优化操作。

3.2.1 启动DMA设置

如果使用的是IDE硬盘，则可启用所有参与视频捕获的硬盘DMA（直接内存访问）设置。启用DMA，可避免捕获视频时遇到的丢帧的问题。

边学边练024	启动DMA设置	关键技法："DMA（若可用）"选项

🎦 **视频文件** 光盘\视频\Chapter 03\024 启动DMA设置.mp4

▶ 操作步骤

步骤01 打开"设备管理器"窗口，单击"IDE ATA/ATAPI控制器"选项左侧的加号按钮⊞，展开相应的窗口结构树，在"次要IDE通道"选项上双击鼠标左键，如下图所示。

步骤02 此时，弹出"次要IDE通道属性"对话框，切换至"高级设置"选项卡，在其中单击"传送模式"下拉按钮，在弹出的下拉列表中选择"DMA（若可用）"选项，如下图所示。

步骤03 单击"确定"按钮，返回到"设备管理器"窗口中，用同样的方法，对"主要IDE通道"选项进行相应的设置。执行操作后，即可完成启动IDE磁盘的DMA设置。

3.2.2 设置虚拟内存

虚拟内存的作用与物理内存基本相似，它是作为物理内存的"后备力量"而存在的。也就是说，只有在物理内存不够使用的时候，它才会发挥作用，以保证会声会影X4运行时的稳定性。

Chapter
01

Chapter
02

Chapter
03

Chapter
04

Chapter
05

Chapter
06

Chapter
07

Chapter
08

Chapter
09

边学边练025　设置虚拟内存

关键技法：“自定义大小”单选按钮

 视频文件　光盘\视频\Chapter 03\025 设置虚拟内存.mp4

▶ 操作步骤

步骤 01 在“我的电脑”图标上单击鼠标右键，在弹出的快捷菜单中单击“属性”命令，弹出“系统属性”对话框，切换至“高级”选项卡，在“性能”选项区中单击“设置”按钮，如下左图所示。

步骤 02 弹出“性能选项”对话框，切换至“高级”选项卡，在“虚拟内存”选项区中单击“更改”按钮，弹出“虚拟内存”对话框。选择存放虚拟内存的驱动器，在“所选驱动器的页面文件大小”选项区中，选择“自定义大小”单选按钮，在下方的文本框中输入需要的数值，如下右图所示，单击“确定”按钮，即可完成对虚拟内存的设置。

 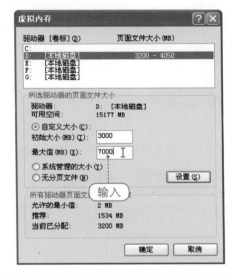

专家指点

单击“开始”|“控制面板”命令，打开“控制面板”窗口，在该窗口中双击“系统”图标，也可以快速弹出“系统属性”对话框。

▶ 3.2.3 禁用写入缓存

用户可以对磁盘上的写入缓存进行禁用操作，以避免断电或硬件故障导致数据丢失或损坏。

边学边练026　禁用写入缓存

关键技法：“启动磁盘上的写入缓存”复选框

 视频文件　光盘\视频\Chapter 03\026 禁用写入缓存.mp4

步骤01 进入"设备管理器"窗口，展开"磁盘驱动器"结构树，在展开的选项上单击鼠标右键，在弹出的快捷菜单中单击"属性"命令，如下图所示。

步骤02 此时，会弹出相应的属性对话框，切换至"策略"选项卡，取消选择"启用磁盘上的写入缓存"复选框，如下图所示，单击"确定"按钮，即可完成对禁用写入缓存的设置。

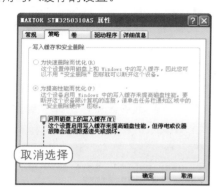

3.2.4 清理磁盘文件

使用DV编辑视频的过程中，利用磁盘清理程序将磁盘中的垃圾文件和临时文件清除，可以节省磁盘中的空间，并提高磁盘的运行速度。

边学边练027	清理磁盘文件	关键技法："磁盘清理"命令

视频文件　光盘\视频\Chapter 03\027 清理磁盘文件.mp4

 操作步骤

步骤01 单击"开始"|"所有程序"|"附件"|"系统工具"|"磁盘清理"命令，弹出"选择驱动器"对话框，在"驱动器"下拉列表中选择需要清理的磁盘，如下图所示，单击"确定"按钮，弹出"磁盘清理"对话框，并显示清理进度。

步骤02 稍等片刻，弹出"本地磁盘（D:）的磁盘清理"对话框，在"要删除的文件"列表框中，选择需要删除的文件复选框，如下图所示，单击"确定"按钮，弹出提示信息框，单击"是"按钮，即可清理磁盘。

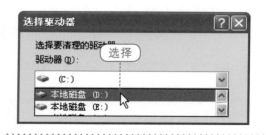

3.3 捕获视频素材的常用操作

　　在会声会影X4中，当用户正确安装完IEEE 1394视频卡后，就可以很方便地从DV中采集视频素材了。本节主要向用户介绍捕获视频素材的操作方法，包括捕获视频、设置影片捕获格式、设置影片捕获区间、从开始检测场景、从当前位置检测场景及设置场景检测速度的操作方法。

3.3.1　数码摄像机的类型

　　下面主要向用户介绍硬盘式DV与闪存式DV的基础知识，以及一般的操作方法。硬盘式DV的容量大、读取快，但容易损坏，而且它的体积也大。闪存式DV的容量较小，读取速度较硬盘式慢，但不易损坏，并且体积小巧，携带方便。

1　硬盘式DV

　　硬盘式DV充分利用了硬盘的特性，具有长时间录制、可快速检索和回放录制内容的功能，并且能向计算机高速传输数据。拥有60GB硬盘的DCR-SR80E数码摄像机，可以捕获长达41小时50分钟的视频（LP模式），在LP模式下能录制长达20小时50分钟的影像，也可以捕获超过7小时的高画质影像（HQ模式）。硬盘式DV对于希望长时间记录影像的用户来说，是最佳的选择。硬盘式DV如下左图所示。

2　闪存式DV

　　闪存式DV是使用闪存卡（如SD卡）来储存影像文件的一类摄像机，如下右图所示。这类摄像机的优点是体积小巧，但由于闪存卡本身的局限性，闪存式DV的读取速度没有硬盘式DV快，容量也没有硬盘式DV大。对于一般家庭而言，几个GB容量的闪存卡完全可以应付需要。

　　虽然闪存式DV的市场份额较小，但其发展潜力巨大，随着SD容量的不断扩大，闪存式DV会使更多消费者接受。

　　使用会声会影X4捕获视频的方法与普通DV是一样的，只是设备有所差别，用户根据提示进行相应操作即可。

3　磁带式DV

　　磁带式DV是最早的数码摄像机产品，如下左图所示，使用的存储介质为Mini DV磁带。磁带式DV的优点是价格便宜，市场覆盖范围很广。缺点是录制的时间较短，SP模式下可以录制60分钟的视频，LP模式下的录制时间为90分钟。

磁带式DV最大的问题是获取视频比较困难，需要使用视频采集卡（1394卡）才能将视频采集到计算机中，而且需要花费与录制时间相同的采集时间。

4 光盘式DV

光盘式DV使用8cm的DVD光盘作为存储介质，如下右图所示。8cm的DVD光盘的存储容量可以达到2.6GB，在LP模式下的记录时间为108分钟。光盘式DV采取即拍即刻的方式，用户不需要采集视频，拍摄后可以直接在DVD机上回放，也可以直接将光盘中的视频文件复制到计算机上进行编辑。

3.3.2　捕获DV中的视频

在会声会影X4中捕获DV视频的方法与在影片向导中捕获DV视频的方法类似，下面将详细向用户介绍在会声会影X4中捕获DV视频的步骤。

边学边练028　捕获DV中的视频	关键技法："捕获视频"按钮

 视频文件 光盘\视频\Chapter 03\028 捕获DV中的视频.mp4

▶ 操作步骤

步骤01 将DV与计算机进行正确连接，并进入会声会影X4界面，切换至"捕获"步骤面板，单击选项面板中的"捕获视频"按钮，如下图所示。

步骤02 进入"捕获"选项面板，单击"捕获视频"按钮，如下图所示，即可捕获视频素材。

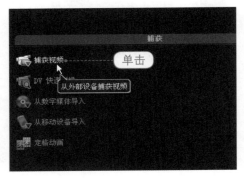
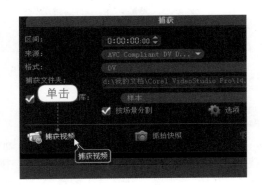

中文版会声会影X4完全学习手册（全彩超值版）

Chapter
01

Chapter
02

Chapter
03

Chapter
04

Chapter
05

Chapter
06

Chapter
07

Chapter
08

Chapter
09

专家指点

　　单击"捕获视频"按钮，进入"捕获"选项面板，在左侧窗格中，单击"播放"按钮，即可将视频定格在需要捕获视频的起始位置。

3.3.3　设置影片捕获格式

　　默认情况下，捕获的视频是DV格式，用户也可根据需要将捕获的视频设置成其他格式。单击选项面板中"格式"列表框右侧的下三角按钮，在弹出的下拉列表中选择需要的文件格式，然后进行视频捕获，即可将DV视频捕获成其他格式。

边学边练029	设置影片捕获格式	关键技法：DVD选项

🔘　**视频文件**　光盘\视频\Chapter 03\029 设置影片捕获格式.mp4

▶ **操作步骤**

步骤01　在选项面板中，单击"格式"右侧的下三角按钮，在弹出的下拉列表中选择DVD选项，如下图所示。

步骤02　单击"捕获视频"按钮，开始捕获视频，捕获至合适的位置后，单击"停止捕获"按钮，即可停止视频的捕获。此时，已捕获的视频将显示在素材库中，如下图所示。

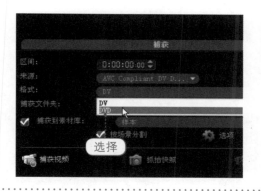

3.3.4　设置影片捕获区间

　　如果用户希望程序自动捕获一个指定时间长度的视频，并在捕获到所指定视频内容后自动停止捕获，则可为捕获视频指定一个区间长度。

边学边练030	设置影片捕获区间	关键技法："区间"数值框

　视频文件　光盘\视频\Chapter 03\030 设置影片捕获区间.mp4

步骤01 切换至"捕获"步骤面板，单击选项面板中的"捕获视频"按钮，显示"捕获"视频的选项面板，在其中设置"区间"为0:00:05:00，如下图所示。

步骤02 单击选项面板中的"捕获视频"按钮，开始捕获视频，经过5s后，程序自动停止捕获。此时，在素材库中可显示捕获的视频，如下图所示。

▷ 3.3.5 从开始检测场景

在预览窗口下方单击相应的按钮，即可找到需要捕获的起点画面，下面介绍检测场景开始位置的操作步骤。

边学边练031 **从开始检测场景** 　　关键技法："播放"按钮、"暂停"按钮

 视频文件 光盘\视频\Chapter 03\031 从开始检测场景.mp4

▶ 操作步骤

步骤01 进入"捕获"视频选项面板后，单击预览窗口下方的"播放"按钮，如下图所示，即可播放DV中的视频。

步骤02 播放至合适位置后，单击导览面板中的"暂停"按钮，如下图所示，即可找到捕获视频的起点。

专家指点

　　播放DV中的视频时，在导览面板中，单击"上一帧"按钮或"下一帧"按钮，可以快速跳转至上一帧视频或下一帧视频中。

3.3.6 　按场景分割视频

　　使用会声会影X4的"按场景分割"功能，可以根据日期、时间、录像带上任何较大的动作变化、相机移动及亮度变化，自动将视频文件分割成单独的素材，并将其作为不同的素材插入到项目中。

边学边练032	按场景分割视频	关键技法："按场景分割"复选框

 视频文件　光盘\视频\Chapter 03\032 按场景分割视频.mp4

▶ **操作步骤**

步骤01 单击"捕获"选项面板中的"捕获视频"按钮，进入捕获视频界面，在选项面板中设置"格式"为DV，选择"按场景分割"复选框，如下图所示。

步骤02 单击"捕获视频"按钮，开始捕获视频，捕获至适当位置后，单击"停止捕获"按钮，即可停止视频的捕获。此时，即可将捕获的视频按场景进行分割，分割后的视频将显示在素材库中，如下图所示。

专家指点

　　在捕获图像前，需要先对捕获参数进行设置，用户只需在菜单栏中进行相应的操作，即可快速完成参数的设置。捕获静态图像的第2个步骤便是找到图像的位置，用户可以通过导览面板中的一系列播放控制按钮实现这一操作。

3.4 　捕获静态图像素材

　　在DV中，不仅可以捕获视频素材，还可以捕获静态图像素材。在会声会影X4中，一共有3种从视频中截取静态图像的方法。本节主要向用户介绍在捕获DV视频时，将其中的一帧图像捕获成静态图像的方法。

3.4.1 　捕获静态图像

　　在DV中找到需要捕获的图像位置，然后才能捕获静态图像。捕获静态图像的方法很简单，下面向读者进行简单介绍。

Chapter 01
Chapter 02
Chapter 03
Chapter 04
Chapter 05
Chapter 06
Chapter 07
Chapter 08
Chapter 09

⊙ **视频文件**　光盘\视频\Chapter 03\033 捕获静态图像.mp4

▶ **操作步骤**

步骤01 在"捕获"选项面板中，设置捕获静态图像的保存位置，然后单击"抓拍快照"按钮，如下图所示。

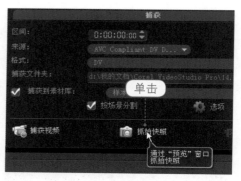

步骤02 切换至"编辑"步骤面板，即可在时间轴中查看捕获图像的缩略图，如下图所示。

▷ 3.4.2　禁止音频播放

在捕获视频的过程中，用户可根据需要在"捕获"选项面板中禁止播放视频中的音频文件。

 边学边练034　禁止音频播放　关键技法："禁止音频预览"按钮

⊙ **视频文件**　光盘\视频\Chapter 03\034 禁止音频播放.mp4

▶ **操作步骤**

步骤01 在预览窗口中，播放视频至合适位置，如下图所示。

步骤02 在"捕获"选项面板中，单击"禁止音频预览"按钮，如下图所示，即可禁止音频的播放。

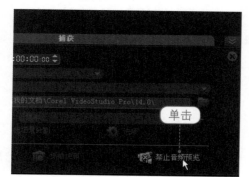

中文版会声会影X4完全学习手册（全彩超值版）

▷ 3.4.3 运用定格动画捕获图像

会声会影X4向用户提供了捕获定格动画的功能，很多著名电影及电视剧的制作都采用了此技术，下面介绍运用定格动画捕获图像的操作步骤。

边学边练035 运用定格动画捕获图像

▶ **操作步骤**

步骤01 在"捕获"步骤面板中，单击"定格动画"按钮，如下左图所示。

步骤02 弹出"定格动画"对话框，单击预览窗口下方的"播放"按钮，播放至合适位置后，单击"捕获图像"按钮，捕获的图像将显示在预览窗口上方的面板中，如下右图所示。单击"保存"按钮，即可保存捕获到的图像素材，单击"退出"按钮，退出"定格动画"对话框。

▷ 3.4.4 设置捕获文件夹

在会声会影X4中，当用户捕获图像素材时，可根据需要重新设置捕获图像素材的文件夹，并将捕获的图像放置在重新设置的文件夹中。

边学边练036 设置捕获文件夹　　　关键技法："捕获文件夹"按钮

 视频文件 光盘\视频\Chapter 03\036 设置捕获文件夹.mp4

▶ **操作步骤**

步骤01 切换至"捕获"选项面板，单击"捕获文件夹"按钮，如下左图所示。

步骤02 弹出"浏览文件夹"对话框，在其中选择需要捕获视频的文件夹，如下右图所示。单击"确定"按钮，即可完成捕获文件的操作。

专家指点

在"浏览文件夹"对话框中，用户可根据需要选择相应的文件夹，指定捕获视频的存放位置。如果单击"新建文件夹"按钮，即可在指定文件夹位置处新建一个文件夹，此时系统会自动将捕获到的视频存放至该文件夹中。

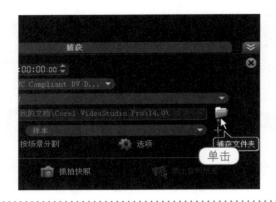

3.4.5 设置图像捕获位置

当用户捕获图像素材时，首先需要设置图像捕获的位置，这样就可以快速捕获到用户需要的图像。

边学边练037 设置图像捕获位置	关键技法："播放"按钮、"暂停"按钮

视频文件 光盘\视频\Chapter 03\037 设置图像捕获位置.mp4

▶ **操作步骤**

步骤01 切换至"捕获"选项面板，单击左侧预览窗口中的"播放"按钮，如下图所示，播放DV中的视频至合适位置。

步骤02 播放至合适位置后，单击预览窗口下方的"暂停"按钮，如下图所示，设置图像的捕获位置。

3.4.6 设置静态图像保存格式

在会声会影X4中，用户可以直接在DV等视频设备中将视频素材实时捕获成JPEG的图像格式。

边学边练038 设置静态图像保存格式	关键技法：JPEG选项

视频文件 光盘\视频\Chapter 03\038 设置静态图像保存格式.mp4

Chapter **01**

Chapter **02**

Chapter **03**

Chapter **04**

Chapter **05**

Chapter **06**

Chapter **07**

Chapter **08**

Chapter **09**

▶ **操作步骤**

步骤 01 进入会声会影X4，单击"设置"|"参数选择"命令，如下图所示。

步骤 02 此时，弹出"参数选择"对话框，切换至"捕获"选项卡，单击"捕获格式"右侧的下三角按钮，在弹出的下拉列表中选择JPEG选项，如下图所示。

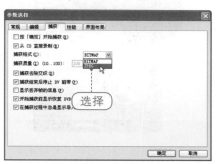

3.5 从各类视频设备中导入视频

会声会影X4可以从SONY PSP、Apple iPOD及基于Windows Mobile的智能手机中导入视频素材，还可以从硬盘式DV、闪存式DV、DVD光盘、数码相机、素材光盘及摄像头捕获视频素材。本节主要向读者介绍从移动设备捕获视频的方法。

3.5.1 从高清数码摄像机中捕获视频

会声会影X4全面支持各种类型的高清摄像机，包括磁带式高清摄像机、AVCHD、MOD、M2TS和MTS等多种文件格式的硬盘高清摄像机。下面介绍从高清数码摄像机中捕获视频的操作步骤。

边学边练039 **从高清数码摄像机中捕获视频**

▶ **操作步骤**

步骤 01 打开摄像机上的IEEE 1394接口盖，找到IEEE 1394接口，如下图所示。

步骤 02 将IEEE 1394连接线的一端插入摄像机上的1394接口，如下图所示，另一端插入计算机上的IEEE 1394卡接口。

步骤03 打开摄像机的电源，并切换到播放/编辑模式，如下图所示。

步骤04 进入会声会影X4界面，进入"捕获"步骤面板，单击"捕获视频"按钮，如下图所示。

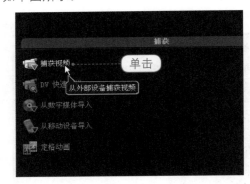

步骤05 此时，会声会影X4能够自动检测到摄像机，并在"来源"中显示摄像机的型号，如下图所示。

步骤06 单击预览窗口下方的"播放"按钮，使预览窗口中显示需要捕获的起始位置，如下图所示。

步骤07 单击选项面板上的"捕获视频"按钮，从暂停位置的下一帧开始捕获视频，同时在预览窗口中显示当前捕获的进度。如果要停止捕获，可以单击"停止捕获"按钮，捕获完成后，被捕获的视频素材会出现在操作界面下方的"故事板视图"中。

3.5.2 通过数码相机捕获视频

随着数码相机的广泛普及，用户制作视频效果时大多从数码相机中捕获视频素材，如家庭游玩留念、记录孩子成长视频等。下面介绍通过数码相机捕获视频的操作方法。

边学边练040 通过数码相机捕获视频　　　　关键技法："插入视频"命令

 视频文件 光盘\视频\Chapter 03\040 通过数码相机捕获视频.mp4

操作步骤

步骤01 进入会声会影X4，在视频轨中的适当位置单击鼠标右键，在弹出的快捷菜单中单击"插入视频"命令，如下图所示。

步骤02 此时，弹出"打开视频文件"对话框，在其中选择数码相机文件夹中的视频文件，如下图所示，单击"打开"按钮，即可完成捕获数码相机中的视频文件。

3.5.3 通过摄像头捕获视频

随着数码产品的迅速普及，现在很多家庭都拥有摄像头，用户可以通过QQ或者MSN，用摄像头和麦克风进行视频交流，也可以使用摄像头实时拍摄，并通过会声会影X4捕获视频。

边学边练041	通过摄像头捕获视频	关键技法："格式"选项

 视频文件 光盘\视频\Chapter 03\041 通过摄像头捕获视频.mp4

操作步骤

步骤01 将摄像头与计算机正确连接，并打开摄像头的电源，启动会声会影X4，切换至"捕获"步骤面板，单击"捕获视频"按钮，显示"捕获"选项面板，如下图所示。

步骤02 在选项面板中单击"来源"右侧的下拉按钮，在弹出的下拉列表中选择所使用的摄像头的名称，然后设置"格式"为DVD，如下图所示。

Chapter 01
Chapter 02
Chapter 03
Chapter 04
Chapter 05
Chapter 06
Chapter 07
Chapter 08
Chapter 09

步骤03 单击选项面板下方的"捕获视频"按钮，通过摄像头捕获视频文件。此时，在选项面板中将显示已用时间，如下图所示。

步骤04 捕获至合适位置后，单击"停止捕获"按钮，此时捕获的视频将显示在素材库中，如下图所示。在导览面板中单击"播放"按钮，可以预览捕获的视频。

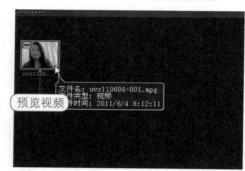

3.5.4　从优盘中导入视频

从优盘中导入视频文件的方法很简单，也是最容易操作的方法，只需将视频文件拖曳至会声会影X4的视频轨中即可。

边学边练042	从优盘中导入视频	关键技法：拖曳素材

🔘 **视频文件**　光盘\视频\Chapter 03\042 从优盘中导入视频.mp4

▶ **操作步骤**

步骤01 打开优盘文件夹，选择需要导入的视频文件，如下图所示。

步骤02 在该视频素材上，单击鼠标左键并拖曳至视频轨中的适当位置，释放鼠标左键，即可添加视频素材，如下图所示。

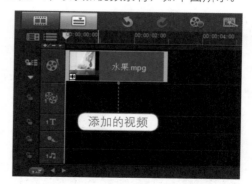

▷ 3.5.5　从DVD光盘中捕获视频

在会声会影X4中，除了可以捕获DV中的视频外，用户还可以根据需要将DVD光盘中的精彩视频导入，以用于视频的编辑。

边学边练043 **从DVD光盘中捕获视频** | 关键技法："从数字媒体导入"按钮

Chapter
01

Chapter
02

Chapter
03

Chapter
04

Chapter
05

Chapter
06

Chapter
07

Chapter
08

Chapter
09

效果展示

本实例要捕获的视频如下图所示。

💿 **视频文件** 光盘\视频\Chapter 03\043 从DVD光盘中捕获视频.mp4

操作步骤

步骤01 将DVD光盘放入光盘驱动器中，进入会声会影X4界面，切换至"捕获"步骤面板，单击面板中的"从数字媒体导入"按钮，如下图所示。

步骤02 此时，弹出"选取'导入源文件夹'"对话框，在其中选择需要导入的DVD视频文件，如下图所示。

步骤03 单击"确定"按钮，弹出"从数字媒体导入"对话框，单击"起始"按钮，如下图所示。

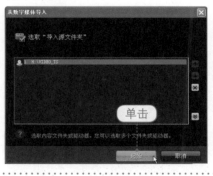

步骤04 此时，进入"选取要导入的项目"页面，在其中选择需要导入的章节复选框，如下图所示。

步骤05 单击"开始导入"按钮，导入视频。导入完成后，弹出"导入设置"对话框，单击"确定"按钮，然后单击导览面板中的"播放"按钮，即可预览视频动画效果。

3.6 添加视频和图像素材

除了可以从移动设备中捕获素材外，还可以向会声会影X4的"编辑"步骤面板中添加不同类型的素材。本节主要向用户介绍导入视频和图像素材的各种操作。

3.6.1 添加JPG格式的素材

在会声会影X4中，用户可以插入静态图像至编辑的项目中，将单独的图像进行整合，使其成为一个漂亮的电子相册。

边学边练044	添加JPG素材	关键技法："插入照片"命令

▶ 效果展示

本实例要添加的素材如下图所示。

素材文件	光盘\素材\Chapter 03\美人.jpg、达人.jpg
效果文件	光盘\效果\Chapter 03\城市达人.VSP
视频文件	光盘\视频\Chapter 03\044 添加jpg素材.mp4

▶ 操作步骤

步骤01 进入会声会影X4，在"时间轴视图"面板中单击鼠标右键，在弹出的快捷菜单中单击"插入照片"命令，如下图所示。

步骤02 弹出"浏览照片"对话框，选择需要打开的图像文件，单击"打开"按钮，即可将图像素材导入到"故事板视图"中，如下图所示。在预览窗口中，可以预览图像效果。

3.6.2 添加MPG格式的素材

　　会声会影X4的素材库中提供了各种类型的素材，用户可直接从中调用。但有时这些素材并不能满足用户的需求，此时就需要将常用的素材添加至素材库中，然后插入至视频轨中。

| 边学边练045 | 添加MPG素材 | 关键技法："插入视频"命令 |

▶ 效果展示

　　本实例要添加的素材如下图所示。

素材文件	光盘\素材\Chapter 03\生日快乐.mpg
效果文件	光盘\效果\Chapter 03\生日快乐.VSP
视频文件	光盘\视频\Chapter 03\045 添加mpg素材.mp4

▶ 操作步骤

步骤01 进入会声会影X4，在"时间轴视图"面板中单击鼠标右键，在弹出的快捷菜单中单击"插入视频"命令，如下图所示。

步骤02 此时，弹出"打开视频文件"对话框，在其中选择需要打开的视频文件，单击"打开"按钮，即可将视频素材导入到"时间轴视图"中，如下图所示。单击导览面板中的"播放修整后的素材"按钮，即可预览视频动画效果。

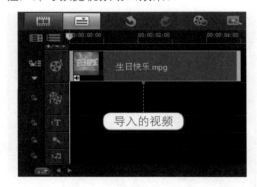

Chapter 01
Chapter 02
Chapter 03
Chapter 04
Chapter 05
Chapter 06
Chapter 07
Chapter 08
Chapter 09

3.6.3 添加Flash格式的素材

在会声会影X4中，用户可以根据需要从素材库或直接从硬盘上将Flash动画添加到影片中。

边学边练046	添加Flash素材	关键技法："插入视频"命令

▶ 效果展示

本实例要添加的素材如下图所示。

素材文件	光盘\素材\Chapter 03\恩师难忘.mp4
效果文件	光盘\效果\Chapter 03\恩师难忘.VSP
视频文件	光盘\视频\Chapter 03\046 添加Flash素材.mp4

▶ 操作步骤

步骤01 进入会声会影X4，在菜单栏上单击"文件"菜单，在弹出的下拉菜单中单击"将媒体文件插入到时间轴"|"插入视频"命令，如下图所示。

步骤02 此时，弹出"浏览视频"对话框，在其中选择需要导入的Flash动画素材，单击"打开"按钮，即可将Flash动画素材插入到"时间轴视图"面板中，如下图所示。单击导览面板中的"播放修整后的素材"按钮，即可预览Flash动画效果。

3.6.4 添加PNG格式的素材

PNG格式常用于网络图像模式，该格式可以保存图像的24位真彩色，且支持透明背景和消除锯齿边缘功能，可以在不失真的情况下压缩图像。

边学边练047 添加PNG素材 关键技法："插入照片"命令

▶ 效果展示

本实例要添加的素材如右图所示。

素材文件	光盘\素材\Chapter 03\元旦快乐.png	
效果文件	光盘\效果\Chapter 03\元旦快乐.VSP	
视频文件	光盘\视频\Chapter 03\047 添加png素材.mp4	

▶ 操作步骤

步骤01 进入会声会影X4，在菜单栏上单击"文件"菜单，在弹出的下拉菜单中单击"将媒体文件插入到时间轴"|"插入照片"命令，如下左图所示。

步骤02 此时，弹出"浏览照片"对话框，在其中选择需要导入的PNG图像素材，单击"打开"按钮，即可将PNG格式的图像素材插入到"时间轴视图"面板中，如下右图所示。单击导览面板中的"播放修整后的素材"按钮，即可预览图像效果。

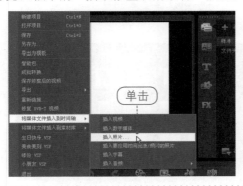

专家指点

用户还可以从外部导入边框素材至视频轨中，方法很简单，只需在视频轨中单击鼠标右键，在弹出的快捷菜单中单击"插入照片"命令，在弹出的对话框中选择边框素材，然后将其打开即可。

3.6.5 添加对象素材

会声会影X4向用户提供了几十种对象模板，用户可根据需要对模板进行适当的应用。

▶ 效果展示

本实例要添加的素材如下图所示。

素材文件	光盘\素材\Chapter 03\圣诞快乐.jpg
效果文件	光盘\效果\Chapter 03\圣诞快乐.VSP
视频文件	光盘\视频\Chapter 03\048 添加对象素材.mp4

▶ 操作步骤

步骤01 进入会声会影X4，插入一幅图像素材，如下左图所示。

步骤02 单击"图形"按钮，切换至"图形"选项卡，单击选项卡上方的"画廊"按钮，在弹出的下拉列表中选择"对象"选项，打开"对象"素材库，在其中选择相应的对象模板，如下右图所示。将该对象模板拖曳至覆叠轨中的适当位置，然后调整对象大小，单击导览面板中的"播放修整后的素材"按钮，预览对象效果。

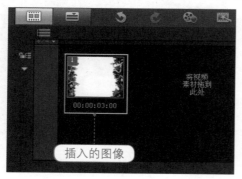

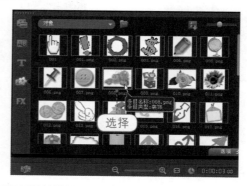

本章小结

　　本章全面、详尽地向用户介绍了会声会影X4的视频素材捕获步骤，同时对具体的操作技巧、方法进行了认真细致的阐述。通过对本章的学习，用户可以熟练地捕获所需要的视频素材，从而为进行视频编辑打下良好的基础。

04 编辑视频素材

在会声会影X4中，用户可以对素材进行编辑，使制作的影片更为生动、美观。本章中主要向用户介绍选取素材、移动素材、复制素材、删除素材、制作图像摇动和缩放效果、设置素材的回放速度、校正素材的色调、校正素材的亮度及调整素材的Gamma等内容。

▶ 知识要点

① 选取素材
② 移动素材
③ 复制素材
④ 删除素材
⑤ 制作图像摇动和缩放效果
⑥ 设置素材的回放速度
⑦ 分离素材的视频与音频

⑧ 自动调整色调
⑨ 校正素材的色调
⑩ 校正素材的亮度
⑪ 增加素材的饱和度
⑫ 增加素材的对比度
⑬ 调整素材的Gamma

▶ 本章重点

① 选取素材
② 移动素材
③ 制作图像摇动效果
④ 分离视频与音频

⑤ 校正素材的色调
⑥ 校正素材的亮度
⑦ 加强素材的饱和度
⑧ 加强素材的对比度

▶ 效果欣赏

4.1 编辑视频素材的常用技巧

　　修剪视频素材之前，用户首先需要学会一些有关视频的基础操作，包括选取素材、移动素材、复制素材及删除素材的操作方法。

4.1.1 选取素材

　　在会声会影X4中，选取视频素材是编辑视频素材的首要条件，只有在选择视频素材的情况下，才能对视频素材进行编辑。

边学边练049　婚纱影像　　　　　　　　　关键技法：**单击鼠标左键**

▶ 效果展示

　　本实例选取的素材如下图所示。

素材文件	光盘\素材\Chapter 04\婚纱影像.VSP
视频文件	光盘\视频\Chapter 04\049 选取素材.mp4

▶ 操作步骤

步骤01 单击"文件"|"打开项目"命令，打开一个项目文件，如下图所示。

步骤02 将鼠标指针移至视频轨中的视频素材处，单击鼠标左键即可选择视频素材，如下图所示。

 专家指点

　　在视频轨中选择相应的视频素材后，单击鼠标右键，也可以选择视频素材。

中文版会声会影X4完全学习手册（全彩超值版）

Chapter **01**
Chapter **02**
Chapter **03**
Chapter **04**
Chapter **05**
Chapter **06**
Chapter **07**
Chapter **08**
Chapter **09**

▷ 4.1.2　移动素材

如果插入到时间轴中的素材存在排列顺序不对的情况，此时可以通过移动素材来调整素材的位置。

| 边学边练050　**清纯可爱** | 关键技法：**单击鼠标左键并拖曳** |

▶ 效果展示

本实例要移动的素材如下图所示。

素材文件	光盘\素材\Chapter 04\清纯可爱.VSP
效果文件	光盘\效果\Chapter 04\清纯可爱.VSP
视频文件	光盘\视频\Chapter 04\050 移动素材.mp4

▶ 操作步骤

步骤01　单击"文件"｜"打开项目"命令，打开项目文件，如下图所示。

步骤02　选择"可爱.JPG"素材图像，单击鼠标左键的同时拖曳素材至"清纯.JPG"素材图像的前面，然后释放鼠标左键，即可移动素材对象，效果如下图所示。

▷ 4.1.3　复制素材

在会声会影X4中编辑影片时，如果一个素材需要使用多次，这时可以使用复制、粘贴命令来实现。

效果展示

本实例要复制的素材如下图所示。

素材文件	光盘\素材\Chapter 04\花开怒放.mpg
效果文件	光盘\效果\Chapter 04\花开怒放.VSP
视频文件	光盘\视频\Chapter 04\051 复制素材.mp4

操作步骤

步骤01　进入会声会影X4，插入一段视频素材，如下图所示。

步骤02　在视频轨中选择需要复制的素材对象，单击鼠标右键，在弹出的快捷菜单中单击"复制"命令，如下图所示。

步骤03　复制素材对象后，将鼠标指针移至视频轨右侧需要粘贴的位置处，此时显示白色色块，如下图所示。

步骤04　单击鼠标左键即可对复制的素材对象进行粘贴，在视频轨中可以预览复制的素材效果，如下图所示。

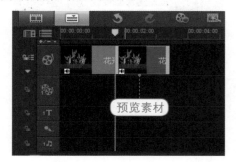

步骤 05 单击导览面板中的"播放修整后的素材"按钮，即可预览视频动画效果，如下图所示。

专家指点

在会声会影X4中，按【Ctrl＋C】组合键也可以对素材对象进行复制。

在视频轨中的素材对象上单击鼠标右键，弹出的快捷菜单中的部分命令含义如下。

◎ 打开选项面板：可以打开编辑该素材的选项面板，在其中可以对素材对象进行各项设置与动画操作。

◎ 复制：可以对选择的素材对象进行复制操作。

◎ 删除：可以对选择的素材对象进行删除操作。

◎ 替换素材：可以对视频轨中的素材对象进行替换操作，可以替换相应的图像素材与视频素材。

◎ 复制属性：可以复制素材对象上的所有属性，包括素材的大小、形状、位置、颜色、动画、滤镜、摇动和缩放样式等。

◎ 粘贴属性：复制素材对象的属性后，选择其他素材对象，然后执行该命令，即可粘贴素材的全部属性设置。

◎ 静音：可以对视频素材进行静音操作，使其无声音。

◎ 淡入：可以设置图像或视频素材的淡入动画效果。

◎ 淡出：可以设置图像或视频素材的淡出动画效果。

◎ 分割素材：可以对视频轨中的素材对象执行分割操作。

▷ 4.1.4 删除素材

在会声会影X4中，如果用户对添加的图像素材或视频素材不满意，可以对其进行删除操作，然后重新选取合适的素材对象，并将其添加至视频轨或"故事板视图"中。

效果展示

本实例要删除的素材如下图所示。

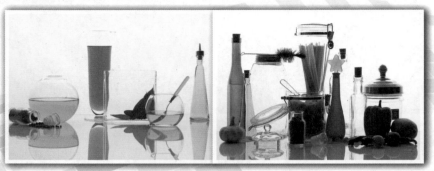

素材文件	光盘\素材\Chapter 04\厨具.mpg
效果文件	光盘\效果\Chapter 04\厨具.VSP
视频文件	光盘\视频\Chapter 04\052 删除素材.mp4

操作步骤

步骤01 进入会声会影X4，插入一段视频素材，如下图所示。

步骤02 在视频轨中选择视频素材，单击鼠标右键，在弹出的快捷菜单中单击"删除"命令，如下图所示。执行操作后，即可删除素材对象。

专家指点

在会声会影X4中，按【Delete】键也可以对素材对象进行删除操作。

4.2 编辑视频素材的特殊技巧

除了上一节向用户介绍的选取素材、移动素材及复制素材的视频编辑方法外，用户还可以对视频素材进行特殊的编辑，如制作图像的摇动和缩放动画效果、设置素材的回放速度及分离素材中的视频与音频等。

4.2.1　制作图像摇动和缩放效果

如果在"故事板视图"中添加的是图像素材，要想让这些静止的图像产生摇动和缩放效果，可运用会声会影X4提供的摇动和缩放功能来实现。使用摇动和缩放功能，可以让静止的图像动起来，使制作的影片更加生动。

边学边练053　化妆品　关键技法："摇动和缩放"单选按钮

▶ 效果展示

本实例的最终效果如下图所示。

素材文件	光盘\素材\Chapter 04\化妆品.jpg
效果文件	光盘\效果\Chapter 04\化妆品.VSP
视频文件	光盘\视频\Chapter 04\053 制作图像摇动效果.mp4

▶ 操作步骤

步骤01　进入会声会影X4，插入一幅图像素材，效果如下左图所示。

步骤02　选择视频轨中的图像素材，在"照片"选项面板中选择"摇动和缩放"单选按钮，如下右图所示。执行操作后，即可制作图像的摇动和缩放效果。

专家指点

　　选择"摇动和缩放"单选按钮后，单击下方的下三角按钮，在弹出的下拉列表中，用户可根据需要选择软件提供的多种摇动和缩放预设样式。单击右侧的"自定义"按钮，在弹出的对话框中，用户可根据需要对设置的摇动和缩放效果进行相应设置，如可以设置缩放率、大小等属性。

4.2.2 设置素材的回放速度

在会声会影X4中，用户可根据需要设置素材对象的回放速度，从而使视频素材的播放速度或快或慢，使影片中的某画面实现快动作或慢动作效果。

边学边练054 白色花朵　　关键技法："速度/时间流逝"按钮

▶ 效果展示

本实例的最终效果如下图所示。

素材文件	光盘\素材\Chapter 04\白色花朵.mpg
效果文件	光盘\效果\Chapter 04\白色花朵.VSP
视频文件	光盘\视频\Chapter 04\054 设置素材的回放速度.mp4

▶ 操作步骤

步骤01 进入会声会影X4，插入一段视频素材，如下图所示。

步骤02 在"视频"选项面板中，单击"速度/时间流逝"按钮，如下图所示。

步骤03 此时，弹出"速度/时间流逝"对话框，将"新素材区间"选项设置为0:0:4:0，设置素材的回放速度，如下左图所示。

步骤04 单击"确定"按钮，即可调整视频素材的回放速度，在视频轨中可以查看素材对象的效果，如下右图所示。

专家指点

在视频轨中选择需要设置回放速度的视频素材，单击鼠标右键，在弹出的快捷菜单中单击"速度/时间流逝"命令，也可以快速弹出"速度/时间流逝"对话框。

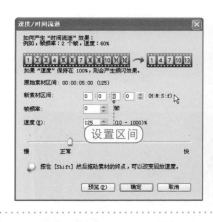
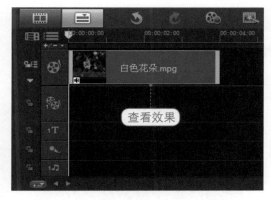

步骤 05 调整视频素材的回放速度后，单击导览面板中的"播放修整后的素材"按钮，即可预览设置素材回放速度后的动画效果，如下图所示。

在"速度/时间流逝"对话框中，各选项含义如下。

◎ 原始素材区间：该视频素材最开始的视频区间长度。

◎ 新素材区间：目前设置的视频区间长度。

◎ 帧频率：表示该视频素材每帧的频率。

◎ 速度：表示该视频素材的整体速度，标准值为100%。数值越大，表示视频速度越快；数值越小，表示视频速度越慢，可设置的数值区间为10%～1000%。

◎ 预览：单击该按钮，可以在预览窗口中预览调整区间后的视频效果。

▷ 4.2.3 分离视频与音频

在进行视频编辑时，有时需要将一个视频素材的视频部分和音频部分分离，然后替换为其他音频或者对音频部分进行进一步的调整。分离视频与音频的操作步骤很简单，下面向用户进行详细介绍。

▶ 效果展示

本实例的最终效果如下图所示。

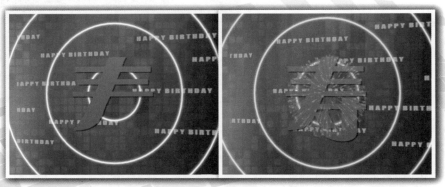

中文版会声会影X4完全学习手册（全彩超值版）

素材文件	光盘\素材\Chapter 04\寿.mpg
效果文件	光盘\效果\Chapter 04\寿.VSP
视频文件	光盘\视频\Chapter 04\055 分离视频与音频.mp4

▶ 操作步骤

步骤01 进入会声会影X4，插入一段视频素材，如下图所示。

步骤02 在"视频"选项面板中单击"分割音频"按钮，将视频与音频分割，如下图所示。

步骤03 单击导览面板中的"播放修整后的素材"按钮，即可预览视频动画效果，如下图所示。

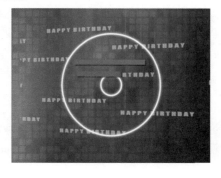

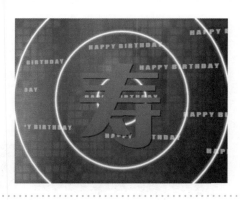 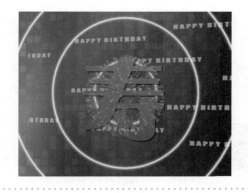

4.3 校正素材色彩的6个技巧

　　颜色可以产生修饰效果，使图像显得更加绚丽，同时激发人的感情和想象。正确地运用颜色，能使黯淡的图像明亮绚丽，使毫无生气的图像充满活力。

　　会声会影X4拥有多种强大的颜色调整功能，使用色调、饱和度、亮度及对比度等功能可以轻松调整图像的色相、饱和度、对比度和亮度，从而修正色彩失衡、曝光不足或过度等缺陷的图像，甚至能为黑白图像上色，以制作出更多特殊的图像效果。本节主要向用户介绍校正素材色彩的6个技巧。

4.3.1 自动调整色调

　　在会声会影X4中使用自动调整色调功能，可以增加或减少高光、中间调及阴影区域中的特定颜色，从而改变照片的整体色调。

边学边练056 猫咪	关键技法："自动调整色调"复选框

▶ **效果展示**

本实例的最终效果如下图所示。

素材文件	光盘\素材\Chapter 04\猫咪.jpg
效果文件	光盘\效果\Chapter 04\猫咪.VSP
视频文件	光盘\视频\Chapter 04\056 自动调整色调.mp4

步骤01 进入会声会影X4，插入一幅图像素材，如下图所示，在缩略图上可以预览图像效果。

步骤02 在"照片"选项面板中，单击"色彩校正"按钮，如下图所示。

步骤03 此时，进入相应选项面板，在其中选择"自动调整色调"复选框，如下图所示。

步骤04 单击"自动调整色调"右侧的下三角按钮，在弹出的下拉列表中选择"一般"选项，如下图所示。执行操作后，即可自动调整图像色调。

在"自动调整色调"下拉列表中，各选项含义如下。

◎ 最亮：调整图像的色彩为高亮显示状态，适合比较黯淡的图像。

◎ 较亮：调整图像的色彩为比较亮，适合不是太暗的图像。

◎ 一般：该选项适合一般光照下的普通图像，调整后的颜色差异不大。

◎ 较暗：该选项适合曝光不是太强的图像，可以弥补曝光缺陷。

◎ 最暗：该选项可以将图像的亮度变暗，使画面呈暗灰色。

▷ 4.3.2 校正素材的色调

会声会影X4中的图像色调功能可以模拟传统光学滤镜特效，能够使照片呈现暖色调、冷色调及其他色调。

中文版会声会影X4完全学习手册（全彩超值版）

Chapter 01
Chapter 02
Chapter 03
Chapter 04
Chapter 05
Chapter 06
Chapter 07
Chapter 08
Chapter 09

边学边练057　**款款情深**　　　关键技法："色调"右侧的数值

▶ 效果展示

本实例的最终效果如下图所示。

素材文件	光盘\素材\Chapter 04\一款情深.jpg
效果文件	光盘\效果\Chapter 04\一款情深.VSP
视频文件	光盘\视频\Chapter 04\057 校正素材的色调.mp4

▶ 操作步骤

步骤01 进入会声会影X4，插入一幅图像素材，如下图所示，在缩略图上可以预览图像的效果。

步骤02 在图像素材上双击鼠标左键，打开"照片"选项面板，单击"色彩校正"按钮，进入相应选项面板。在该选项面板中，拖动"色调"滑块，直至参数显示为16，如下图所示。执行操作后，即可调整图像色调。

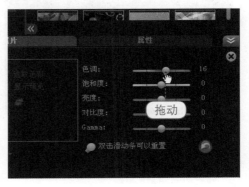

▷ 4.3.3　校正素材的亮度

会声会影X4中的亮度功能，可以对照片色彩进行简单的调整。该功能可以对照片的每个像素都进行同样的调整。

效果展示

本实例的最终效果如下图所示。

素材文件	光盘\素材\Chapter 04\生活留影.jpg
效果文件	光盘\效果\Chapter 04\生活留影.VSP
视频文件	光盘\视频\Chapter 04\058 校正素材的亮度.mp4

操作步骤

步骤 01　进入会声会影X4，插入一幅图像素材，如下左图所示。

步骤 02　在图像素材上双击鼠标左键，打开"照片"选项面板，单击"色彩校正"按钮，进入相应选项面板。在该选项面板中，拖动"亮度"滑块，直至参数显示为40，如下右图所示。执行操作后，即可调整图像亮度。

专家指点

在选项面板中，双击"亮度"滑块，可以将参数值归零。

4.3.4　增加素材的饱和度

会声会影X4中的饱和度功能可以调整整张照片或单个颜色分量的色相、饱和度和亮度值，还可以同步调整照片中的所有颜色。

Chapter **01**

Chapter **02**

Chapter **03**

Chapter **04**

Chapter **05**

Chapter **06**

Chapter **07**

Chapter **08**

Chapter **09**

边学边练059 **我情依旧** | 关键技法："饱和度"右侧的数值

▶ 效果展示

本实例的最终效果如下图所示。

素材文件	光盘\素材\Chapter 04\我情依旧.jpg
效果文件	光盘\效果\Chapter 04\我情依旧.VSP
视频文件	光盘\视频\Chapter 04\059 增加素材的饱和度.mp4

▶ 操作步骤

步骤01 进入会声会影X4，插入一幅图像素材，如下左图所示。

步骤02 在图像素材上双击鼠标左键，打开"照片"选项面板，单击"色彩校正"按钮，进入相应选项面板。在该选项面板中，拖动"饱和度"滑块，直至参数显示为30，如下右图所示。执行操作后，即可调整图像饱和度。

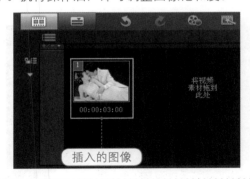 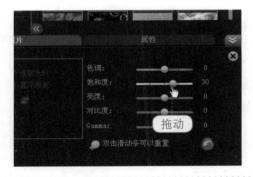

专家指点

在选项面板中，单击"将滑动条重置为默认值"按钮 ，即可还原数值为默认状态。

▷ 4.3.5 增加素材的对比度

会声会影X4中的对比度功能可以调整照片中颜色的总体对比度和混合颜色。该功能可以将图像中最亮和最暗的像素映射为深色和灰色，使高光显得更亮，使暗调显得更暗。

▶ 效果展示

本实例的最终效果如下图所示。

素材文件	光盘\素材\Chapter 04\可爱宝贝.jpg
效果文件	光盘\效果\Chapter 04\可爱宝贝.VSP
视频文件	光盘\视频\Chapter 04\060 增加素材的对比度.mp4

▶ 操作步骤

步骤01 进入会声会影X4，插入一幅图像素材，如下左图所示。

步骤02 在图像素材上双击鼠标左键，打开"照片"选项面板，单击"色彩校正"按钮，进入相应选项面板。在该选项面板中，拖动"对比度"滑块，直至参数显示为36，如下右图所示。执行操作后，即可调整图像对比度。

 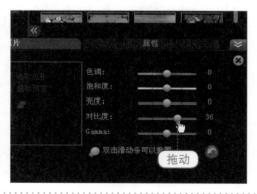

▷ 4.3.6　调整素材的Gamma

会声会影X4中的Gamma翻译成中文是"灰阶"的意思，是指液晶屏幕上人们肉眼所看到的点，即像素，它是由红（R）、绿（G）、蓝（B）3个子像素组成的。每一个子像素背后的光源都可以显现出不同的亮度级别。而灰阶代表了最暗到最亮之间不同亮度的层次级别，中间的层级越多，所能够呈现的画面效果也就越细腻。

边学边练061 **风情万种**　　　　　　　　　关键技法：Gamma右侧的数值

▶ 效果展示

本实例的最终效果如下图所示。

素材文件	光盘\素材\Chapter 04\风情万种.jpg
效果文件	光盘\效果\Chapter 04\风情万种.VSP
视频文件	光盘\视频\Chapter 04\061 调整素材的Gamma.mp4

▶ 操作步骤

步骤01 进入会声会影X4，插入一幅图像素材，如下左图所示。

步骤02 在图像素材上双击鼠标左键，打开"照片"选项面板，单击"色彩校正"按钮，进入相应选项面板。在该选项面板中，拖动Gamma滑块，直至参数显示为50，如下右图所示。执行操作后，即可调整图像Gamma。

插入的图像

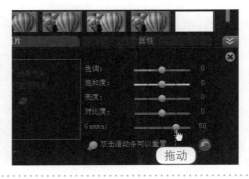

拖动

本章小结

　　本章主要向用户介绍了编辑视频素材的各种操作方法。使用会声会影X4进行影片编辑时，素材是很重要的元素。本章以实例的形式将编辑素材的每一种方法、每一个选项都进行了详细的介绍。通过对本章的学习，用户应该对素材的选取、移动、复制、删除、设置回放速度及校正素材色彩有了很好的掌握，并能熟练地使用各种视频编辑工具对素材进行编辑，以便为后面章节的学习奠定良好的基础。

Chapter 01
Chapter 02
Chapter 03
Chapter 04
Chapter 05
Chapter 06
Chapter 07
Chapter 08
Chapter 09

05 素材的剪辑技术

在会声会影X4中可以对视频进行相应的剪辑，如标记修剪视频素材、按场景分割视频和多重修整视频等。在进行视频编辑时，用户只要掌握好这些剪辑视频的方法，便可以制作出更为完美、流畅的影片。本章将详细介绍在会声会影X4中剪辑视频素材的各种操作方法。

▶ 知识要点

1. 通过单击按钮剪辑视频
2. 按场景分割视频文件
3. 通过修整栏剪辑视频
4. 通过时间轴剪辑视频
5. 标记开始点
6. 标记结束点
7. 快速搜索间隔

8. 进行反转选取
9. 删除所选素材片段
10. 转到特定的时间码
11. 从视频中截取静态图像
12. 使用区间剪辑视频素材
13. 保存到视频素材库
14. 输出为新视频文件

▶ 本章重点

1. 通过单击按钮剪辑视频
2. 按场景分割视频文件
3. 通过修整栏剪辑视频
4. 通过"视频轨"剪辑视频

5. 使用多重剪辑视频
6. 从视频中截取静态图像
7. 使用区间剪辑视频素材
8. 保存剪辑后的视频

▶ 效果欣赏

5.1 剪辑视频素材的4种方法

在会声会影X4中,可以对视频素材进行相应的剪辑,其中包括通过单击按钮剪辑视频、按场景分割视频文件、通过修整栏剪辑视频和通过时间轴剪辑视频4种常用的视频素材剪辑方法。下面将向用户详细介绍视频剪辑的具体操作步骤。

5.1.1 通过单击按钮剪辑视频

在会声会影X4中,用户可以通过单击"按照飞梭栏的位置分割素材"按钮直接对影视素材进行编辑。下面向用户介绍通过单击按钮剪辑视频素材的步骤。

| 边学边练062 **盛开的花** | 关键技法:"按照飞梭栏的位置分割素材"按钮 |

▶ 效果展示

本实例的最终效果如下图所示。

素材文件	光盘\素材\Chapter 05\盛开的花.mpg
效果文件	光盘\效果\Chapter 05\盛开.VSP
视频文件	光盘\视频\Chapter 05\062 通过按钮剪辑视频.mp4

▶ 操作步骤

步骤01 进入会声会影X4,在"时间轴视图"面板的视频轨中插入一段视频素材文件,如下图所示。

步骤02 拖曳预览窗口下方的"擦洗器"至合适位置,单击"按照飞梭栏的位置分割素材"按钮,如下图所示。

步骤 03 此时，视频轨中的素材被剪辑成两段，如下图所示。

步骤 04 按照同样的方法，再次对视频轨中的素材进行剪辑操作，如下图所示。

5.1.2 按场景分割视频文件

按场景分割功能可以检测视频文件中不同的场景，并自动将其分割成不同的素材文件。

边学边练063 时尚品位　　　　　　　　关键技法：按场景分割视频

效果展示

本实例的最终效果如下图所示。

素材文件	光盘\素材\Chapter 05\时尚品位.mpg
效果文件	光盘\效果\Chapter 05\时尚人物.VSP
视频文件	光盘\视频\Chapter 05\063 按场景分割视频文件.mp4

操作步骤

步骤 01 进入会声会影X4，在"时间轴视图"面板的视频轨中插入一段视频素材文件，如右图所示。

步骤 02 打开"视频"选项面板，从中单击"按场景分割"按钮，如下图所示。

步骤 03 执行上述操作后，即可弹出"场景"对话框，单击"确定"按钮，即可分割场景，如下图所示。

专家指点

在"时间轴视图"面板中选择素材，单击鼠标右键，在弹出的快捷菜单栏中，单击"按场景分割"命令，即可分割场景。

▷ 5.1.3 通过修整栏剪辑视频

在修整栏中，两个修整标记之间的部分代表被选取的素材部分。拖动修整标记，即可对素材进行修整，并且在预览窗口中显示与修整标记对应的帧画面。

| 边学边练064 **绽放** | 关键技法：拖曳修整标记 |

▶ **效果展示**

本实例的最终效果如下图所示。

素材文件	光盘\素材\Chapter 05\绽放.mpg
效果文件	光盘\效果\Chapter 05\花朵.VSP
视频文件	光盘\视频\Chapter 05\064 通过修整栏剪辑视频.mp4

▶ **操作步骤**

步骤 01 进入会声会影X4，在"时间轴视图"面板的"视频轨"中插入一段视频素材文件，如下左图所示。

步骤 02 将鼠标指针移动至预览窗口右下方的修整标记上，当鼠标指针呈双向箭头时，单击鼠标左键并向左拖曳修整标记，如下右图所示。

步骤 03 当拖曳至合适位置后释放鼠标，即可剪辑视频。按照同样的方法，用户还可以剪辑视频的结束点。

步骤 04 执行上述操作后，即可完成视频的剪辑。单击"播放修整后的素材"按钮，即可预览剪辑后的视频，如下图所示。

▶ 5.1.4 通过时间轴剪辑视频

会声会影X4拥有"时间轴视图"和"故事板视图"两种视图，用户若需要在"时间轴视图"中剪辑视频，首先需要将视图模式切换至"时间轴视图"。

边学边练065 **吹泡泡**　　　　　　　　　　关键技法："分割素材"命令

▶ 效果展示

本实例的最终效果如下图所示。

Chapter **01**

Chapter **02**

Chapter **03**

Chapter **04**

Chapter **05**

Chapter **06**

Chapter **07**

Chapter **08**

Chapter **09**

素材文件	光盘\素材\Chapter 05\吹泡泡.mpg
效果文件	光盘\效果\Chapter 05\吹泡泡.VSP
视频文件	光盘\视频\Chapter 05\065 通过时间轴剪辑视频.mp4

▶ 操作步骤

步骤01 进入会声会影X4，在"时间轴视图"面板的视频轨中插入一段视频素材，如下图所示。

步骤02 单击视频轨上方的"时间轴视图"按钮，切换视图模式为"时间轴视图"，如下图所示。

专家指点

时间轴也称为时间线，是一条贯穿于时间的轴。时间轴上的数字，如1、5、10、15等是时间轴上的帧，相当于电影里的一个个胶片，它主要用来表示素材元素在不同时间，存在的不同状态。

步骤03 将鼠标指针移动至"时间轴视图"上，单击鼠标右键，在弹出的快捷菜单中单击"分割素材"命令，如下图所示。

步骤04 设置完成后，即可将素材剪辑成两段，如下图所示。

5.2 通过视频轨剪辑视频

在"时间轴视图"中选择需要剪辑的视频素材，视频轨中的视频两端会出现黄色标记，拖动标记即可修剪视频素材。这种剪辑方式比使用修整栏更为直观，适合修整长段素材。

5.2.1 标记开始点

标记开始点的方法非常简单，用户只需要在视频轨中选择需要修剪的视频，然后对其进行调整即可。

边学边练066 阳光　　　　　　　　　　　　　　　关键技法：拖曳黄色标记

▶ 效果展示

本实例的最终效果如下图所示。

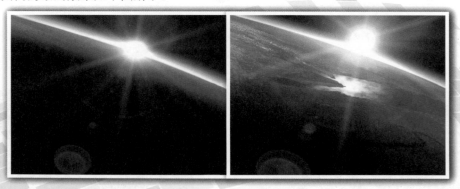

素材文件	光盘\素材\Chapter 05\阳光.mov
效果文件	光盘\效果\Chapter 05\阳光.VSP
视频文件	光盘\视频\Chapter 05\066 标记开始点.mp4

▶ 操作步骤

步骤01 进入会声会影X4，在"时间轴视图"面板的视频轨中插入一段视频素材文件，如下图所示。

步骤02 将鼠标指针移动至"视频轨"中视频素材左侧的黄色标记上，单击鼠标左键并向右拖曳，如下图所示，拖曳至合适位置后，释放鼠标左键，即可标记开始点。

专家指点

在剪辑视频时，用户可以按【Ctrl+I】组合键，快速通过按钮剪辑视频，也可单击"按照飞梭栏的位置分割素材"按钮对视频进行剪辑。

步骤 03 单击导览面板中的"播放修整后的素材"按钮，即可预览标记开始点后的视频效果，如下图所示。

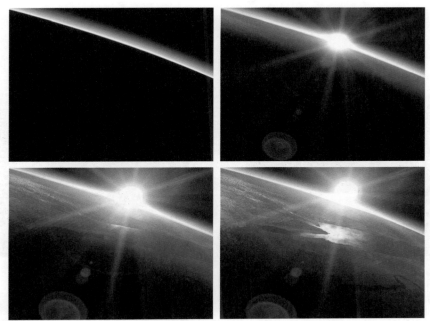

5.2.2 标记结束点

标记结束点的方法与标记开始点的方法类似，其作用主要是标记影片结尾部分的结束位置。

边学边练067 **水果** 关键技法：拖曳黄色标记

▶ 效果展示

本实例的最终效果如下图所示。

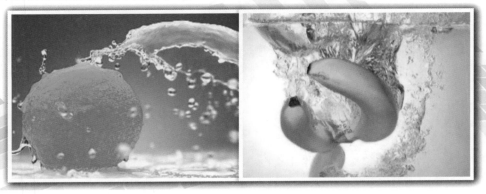

素材文件	光盘\素材\Chapter 05\水果.mpg
效果文件	光盘\效果\Chapter 05\水果.VSP
视频文件	光盘\视频\Chapter 05\067 标记结束点.mp4

▶ **操作步骤**

步骤01 进入会声会影X4，在"时间轴视图"中插入一段视频素材文件，如下图所示。

插入的素材

步骤02 将鼠标指针移动至视频轨中视频素材右侧的黄色标记上，单击鼠标左键并向左拖曳，如下图所示，拖曳至合适位置后，释放鼠标左键，即可标记结束点。

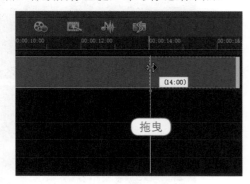

拖曳

步骤03 此时，视频轨中的素材长度将减少，如右图所示。

专家指点

鼠标指针指向时间轴上方的"擦洗器"处，单击鼠标左键的同时向左拖曳至合适的位置后，释放鼠标左键，单击预览窗口下方的"结束标记"按钮，既可将视频的后半部分剪辑掉。

剪辑后的视频结束点

▶ 5.3 使用多重剪辑视频

多重修整视频是将视频分割成多个片段的另一种方法，它可以让用户完整地控制要提取的素材，从而可以更方便地管理项目。

▶ 5.3.1 快速搜索间隔

打开"多重修整视频"对话框后，用户即可对视频进行快速搜索间隔的操作，该操作可以快速在两个场景之间进行切换。

边学边练068　幸福母子

效果展示

本实例的最终效果如下图所示。

| 素材文件 | 光盘\素材\Chapter 05\幸福母子.mpg |
| 视频文件 | 光盘\视频\Chapter 05\068 快速搜索间隔.mp4 |

操作步骤

步骤01 进入会声会影X4，在"时间轴视频"面板的视频轨中插入一段视频素材文件，如下图所示。

步骤03 在"多重修整视频"对话框中，单击"向前搜索"按钮，如下图所示。

步骤02 单击"视频"选项面板中的"多重修整视频"按钮，即可打开"多重修整视频"对话框，如下图所示。

步骤04 执行上述操作后，即可快速跳转至下一个场景，如下图所示。

5.3.2 进行反转选取

在"多重修整视频"对话框中，单击"翻转选取"按钮，可以选择"多重修整视频"对话框中用户未选中的视频片段。

边学边练069 灯芯　　　　　　　　　关键技法："反转选取"按钮

效果展示

本实例的最终效果如下图所示。

素材文件	光盘\素材\Chapter 05\灯芯.mpg
效果文件	光盘\效果\Chapter 05\灯芯.VSP
视频文件	光盘\视频\Chapter 05\069 进行反转选取.mp4

操作步骤

步骤01 进入会声会影X4，在"时间轴视图"面板的视频轨中，插入一段视频素材文件，如下图所示。

步骤02 单击"视频"选项面板中的"多重修整视频"按钮，打开"多重修整视频"对话框，如下图所示。

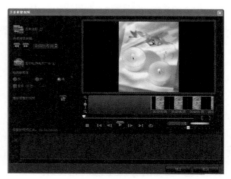

步骤03 拖曳"擦洗器"至合适位置，单击"设置开始标记"按钮，即可标记素材的起始位置，如下图所示。

步骤04 拖曳"擦洗器"至合适位置，单击"设置结束标记"按钮，即可标记素材的结束位置，如下图所示。

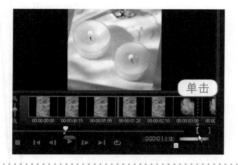

步骤05 单击"反转选取"按钮，即可反转所选视频片段，如右图所示。

▶ 5.3.3　删除所选素材片段

在"多重修整视频"对话框中，当用户不再需要提取的片段时，可以对不需要的片段进行删除操作。

边学边练070　心跳回忆　　　　　关键技法："删除所选素材"按钮

▶ 效果展示

本实例的最终效果如下图所示。

素材文件	光盘\素材\Chapter 05\心跳回忆.mpg
效果文件	光盘\效果\Chapter 05\心跳回忆.mpg
视频文件	光盘\视频\Chapter 05\070 删除所选素材片段.mp4

步骤01 进入会声会影X4，在"时间轴视图"面板的视频轨中插入一段视频素材文件，如下图所示。

步骤02 打开"多重修整视频"对话框，通过单击"设置开始标记"按钮和"设置结束标记"按钮提取视频片段，如下图所示。

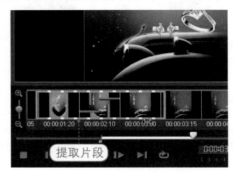

步骤03 单击"删除所选素材"按钮 ✖，如右图所示。此时，即可删除所选的素材。

专家指点

在"多重修整视频"对话框中，当用户选择一段素材片段后，按【Delete】键可快速删除所选素材片段。

5.3.4　转到特定的时间码

在会声会影X4中，用户可以精确地调整所编辑素材的时间码。下面向用户介绍在"多重修整视频"对话框中转到特定时间码的步骤。

边学边练071　高雅贵族　　关键技法：**转到指定的时间码**

效果展示

本实例的最终效果如下图所示。

素材文件	光盘\素材\Chapter 05\高雅贵族.mpg
效果文件	光盘\效果\Chapter 05\高雅贵族.VSP
视频文件	光盘\视频\Chapter 05\071 转到特定的时间码.mp4

操作步骤

步骤01 进入会声会影X4，在"时间轴视图"面板的视频轨中插入一段视频素材文件，如下左图所示。

步骤02 打开"多重修整视频"对话框，在预览窗口的下方，单击"转到特定的时间码"选项区中的任意一个数值，此时数值呈可编辑状态，设置参数为0:00:05:00，按【Enter】键进行确认，即可转到特定的时间码，如下右图所示。

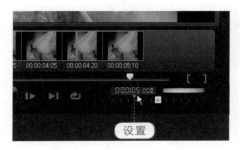

5.4 使用视频特殊剪辑技术

除了以上所介绍的常用视频剪辑方法外，用户还可以使用本节介绍的特殊方法对视频素材进行剪辑，如可以从视频文件中截取静态图像及使用区间剪辑视频素材等。

5.4.1 从视频中截取静态图像

当观看某段影片时，观众常常会被精彩的画面所吸引，若需要将这些画面保存下来，则可运用会声会影X4提供的抓拍快照功能来实现。

边学边练072 情人 | 关键技法："抓拍快照"按钮

效果展示

本实例的最终效果如下图所示。

素材文件	光盘\素材\Chapter 05\情人.mpg
效果文件	光盘\效果\Chapter 05\情人.BMP
视频文件	光盘\视频\Chapter 05\072 从视频中截取静态图像.mp4

▶ 操作步骤

步骤01 进入会声会影X4，在"时间轴视图"面板的视频轨中插入一段视频素材文件，如下图所示。

步骤02 在"视频"选项面板中，单击"抓拍快照"按钮，如下图所示。

步骤03 执行上述操作后，即可在视频文件中截取静态图像，截取的图像自动存储在素材库中，如下图所示。

▶ 5.4.2 使用区间剪辑视频素材

通过区间剪辑视频素材可以精确控制片段的播放时间，但只能从视频的尾部进行剪辑。若对影片的播放时间有严格的限制，可使用区间修整的方式来剪辑各个视频素材片段。

边学边练073 睡美人   关键技法："视频区间"数值框

▶ 效果展示

本实例的最终效果如下图所示。

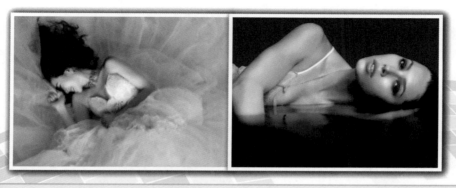

素材文件	光盘\素材\Chapter 05\睡美人.mpg	
效果文件	光盘\效果\Chapter 05\睡美人.VSP	
视频文件	光盘\视频\Chapter 05\073 使用区间剪辑视频素材.mp4	

 操作步骤

步骤01 进入会声会影X4，在"时间轴视频"面板的视频轨中插入一段视频素材文件，如下图所示。

步骤02 在"视频"选项面板中，将"视频区间"数值设置为0:00:04:00，如下图所示。设置完成后，即可剪辑视频素材。

5.5 保存剪辑后的视频

对视频进行剪辑后，便可以将剪辑完的视频素材保存到计算机硬盘或者移动硬盘中，也可以将其输出为新的视频文件。

5.5.1 保存到视频素材库

用户可以将剪辑完的视频进行保存，并将其导入到视频素材库中，以方便在下次使用时快速导入到时间轴中。

边学边练074 **浪漫时刻**　　　　关键技法："另存为"命令

 效果展示

本实例的最终效果如下图所示。

素材文件	光盘\素材\Chapter 05\幸福.jpg、浪漫.jpg
效果文件	光盘\效果\Chapter 05\浪漫时刻.VSP
视频文件	光盘\视频\Chapter 05\074 保存到视频素材库.mp4

▶ 操作步骤

步骤 01 进入会声会影X4，在"时间轴视图"面板的视频轨中插入两幅图像素材文件，如下图所示。

步骤 02 单击"文件"|"另存为"命令，在弹出的"另存为"对话框中输入文件名，如下图所示。此时，单击"保存"按钮，即可保存文件。

步骤 03 单击"导入媒体文件"按钮，在弹出的"浏览媒体文件"对话框中，选择上一步保存的文件，单击"打开"按钮，如下图所示。

步骤 04 执行上述操作后，即可将视频保存到素材库中，如下图所示。

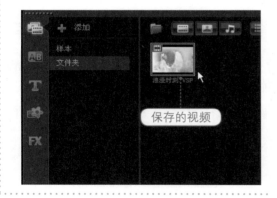

Chapter **01**
Chapter **02**
Chapter **03**
Chapter **04**
Chapter **05**
Chapter **06**
Chapter **07**
Chapter **08**
Chapter **09**

▷ 5.5.2 输出为新视频文件

用户可以将剪辑完的素材导出为各种类型的视频文件，系统会自动将保存的文件导入到视频素材库中。

| 边学边练075 | 树中精灵 | 关键技法："创建视频文件"按钮 |

▶ 效果展示

本实例的最终效果如下图所示。

素材文件	光盘\素材\Chapter 05\树.jpg、精灵.jpg
效果文件	光盘\效果\Chapter 05\树中精灵.VSP
视频文件	光盘\视频\Chapter 05\075 输出为新视频文件.mp4

▶ 操作步骤

步骤01 进入会声会影X4，在"时间轴视图"面板的视频轨中插入两幅图像素材文件，如下图所示。

步骤02 切换至"分享"步骤面板，单击"创建视频文件"按钮，在弹出的下拉列表中选择"自定义"选项，如下图所示。

专家指点

用户在输出视频文件时，除了使用自定义的方法输出视频外，还可以选择系统设定好的格式快速输出视频。

步骤03 执行上述操作后，弹出"创建视频文件"对话框，在"文件名"文本框中输入文件名，并选择需要保存的格式，如下图所示。

步骤04 单击"保存"按钮，即可渲染视频文件，如下图所示。用户可以按【Esc】键，取消当前的渲染。

步骤05 渲染完成后，即可在素材库中查询保存的视频文件，如右图所示。

本章小结

　　使用会声会影X4进行影片编辑时，素材是很重要的元素，本章以实例的形式将剪辑视频素材的每一种方法、每一个选项都进行了详细的介绍。通过对本章的学习，用户对影片编辑中的分割、多重修整、特殊剪辑及保存剪辑文件有了很好的掌握，并能熟练使用各种视频剪辑工具对素材进行剪辑，为后面章节的学习奠定了良好的基础。

中文版会声会影X4完全学习手册（全彩超值版）

06 应用神奇的滤镜效果

　　滤镜是一种插件模块，能够对图像中的像素进行操作，也可以模拟一些特殊的光照效果或带有装饰性的纹理效果。会声会影X4提供了各种各样的滤镜，使用这些滤镜，用户无须耗费大量的时间和精力就可以快速地制作出云彩、马赛克、模糊、素描、光照及各种扭曲效果等。本章主要向用户介绍应用各种滤镜的操作方法。

▶ 知识要点

1. 添加单个视频滤镜
2. 添加多个视频滤镜
3. 选择滤镜预设
4. 自定义视频滤镜
5. 替换视频滤镜
6. 删除视频滤镜
7. 应用"漩涡"滤镜
8. 应用"水流"滤镜
9. 应用"鱼眼"滤镜
10. 应用"往内挤压"滤镜
11. 应用"自动曝光"滤镜
12. 应用"肖像画"滤镜
13. 应用"镜头闪光"滤镜
14. 应用"水彩"滤镜
15. 应用"云彩"滤镜
16. 应用"雨点"滤镜

▶ 本章重点

1. 添加多个视频滤镜
2. 自定义视频滤镜
3. 替换视频滤镜
4. 应用"水流"滤镜
5. 应用"肖像画"滤镜
6. 应用"镜头闪光"滤镜
7. 应用"云彩"滤镜
8. 应用"雨点"滤镜

▶ 效果欣赏

6.1 滤镜的基本操作

滤镜可以说是会声会影X4的一大亮点，越来越多的滤镜特效出现在各种影视节目中，它可以使画面更加生动、绚丽多彩，从而创作出非常神奇的、变幻莫测的媲美好莱坞大片的视觉效果。本节主要向用户介绍滤镜的基本操作。

6.1.1 添加单个视频滤镜

视频滤镜是指可以应用到素材上的效果，它可以改变素材的外观和样式。用户可以通过运用这些视频滤镜，对素材进行美化，从而制作出精美的视频作品。

边学边练076	爱在天涯	关键技法：单击鼠标左键并拖曳

▶ 效果展示

本实例的效果如下图所示。

素材文件	光盘\素材\Chapter 06\爱在天涯.jpg
效果文件	光盘\效果\Chapter 06\爱在天涯.VSP
视频文件	光盘\视频\Chapter 06\076 添加单个视频滤镜.mp4

▶ 操作步骤

步骤 01 进入会声会影X4，插入一幅图像素材，效果如下左图所示。

步骤 02 单击"滤镜"按钮 FX，切换至"滤镜"素材库，在其中选择"自动草绘"滤镜效果，如下右图所示，单击鼠标左键并拖曳至"故事板视图"中的图像上方，即可添加滤镜效果。

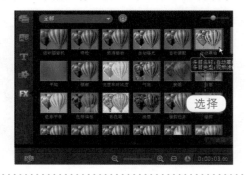

步骤 03 单击导览面板中的"播放修整后的素材"按钮，即可预览视频滤镜效果，如下图所示。

6.1.2　添加多个视频滤镜

在会声会影X4中，当用户为一个图像素材添加多个视频滤镜时，所产生的效果是多个视频滤镜效果的叠加。会声会影X4允许用户在同一个素材上最多添加5个视频滤镜。

| 边学边练077 | 绿色叶 | 关键技法：单击鼠标左键并拖曳 |

▶ 效果展示

本实例的效果如下图所示。

素材文件	光盘\素材\Chapter 06\绿色叶.jpg
效果文件	光盘\效果\Chapter 06\绿色叶.VSP
视频文件	光盘\视频\Chapter 06\077 添加多个视频滤镜.mp4

右侧栏：

Chapter 01
Chapter 02
Chapter 03
Chapter 04
Chapter 05
Chapter 06
Chapter 07
Chapter 08
Chapter 09

步骤01 进入会声会影X4，插入一幅图像素材，如下图所示。

步骤02 单击"滤镜"按钮 **FX**，切换至"滤镜"素材库，在其中选择"彩色笔"滤镜，如下图所示。

步骤03 在该滤镜上单击鼠标左键并拖曳至"故事板视图"中的图像素材上，释放鼠标左键，即可在"属性"选项面板中查看已添加的视频滤镜，如下图所示。

步骤04 按照同样的方法，为图像素材添加"抵消摇动"滤镜和"云彩"滤镜，在"属性"选项面板中查看滤镜效果，如下图所示。

专家指点

会声会影X4提供了多种视频滤镜特效，使用这些滤镜特效，可以制作出各种变幻莫测的、神奇的视觉效果，从而使视频作品更能吸引人们的眼球。

步骤05 单击导览面板中的"播放修整后的素材"按钮，即可预览多个视频滤镜效果，如下图所示。

6.1.3 选择滤镜预设

所谓预设模式，是指会声会影X4通过对滤镜效果的某些参数进行调整后形成一个固定的效果，并嵌套在系统中。用户通过直接选择这些预设模式，快速地对滤镜效果进行设置。选择不同的预设模式，画面所产生的效果也会不同。

| 边学边练078 | 孤独桥 | 关键技法：选择预设样式 |

效果展示

本实例的最终效果如下图所示。

素材文件	光盘\素材\Chapter 06\孤独桥.VSP
效果文件	光盘\效果\Chapter 06\孤独桥.VSP
视频文件	光盘\视频\Chapter 06\078 选择滤镜预设.mp4

操作步骤

步骤01 进入会声会影X4，打开"孤独桥.VSP"项目文件，如下左图所示。

步骤02 在"属性"选项面板中，单击"自定义滤镜"左侧的下三角按钮，在弹出的列表框中选择第2排第1个滤镜预设样式，如下右图所示。单击导览面板中的"播放修整后的素材"按钮，即可预览视频滤镜预设样式。

6.1.4　自定义视频滤镜

在会声会影X4中每种视频滤镜的属性均不相同。不同的视频滤镜所弹出的自定义对话框的名称及其中的属性参数均不相同。对视频滤镜进行自定义操作，可以制作出更加精美的画面效果。

边学边练079　花　　　　　　　　关键技法：单击"自定义滤镜"按钮

▶ **效果展示**

本实例的最终效果如下图所示。

素材文件	光盘\素材\Chapter 06\花.VSP
效果文件	光盘\效果\Chapter 06\花.VSP
视频文件	光盘\视频\Chapter 06\079 自定义视频滤镜.mp4

▶ **操作步骤**

步骤01 进入会声会影X4，打开"花.VSP"项目文件，如右图所示。

步骤 02 在"属性"选项面板中，单击"自定义滤镜"按钮，弹出"镜头闪光"对话框，在左侧预览窗口中拖曳十字形图标至合适位置，如右图所示。单击"确定"按钮，即可自定义视频滤镜效果。

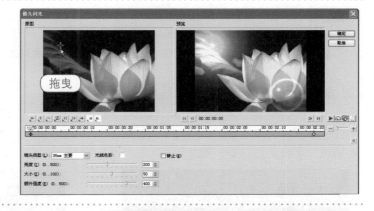

步骤 03 单击导览面板中的"播放修整后的素材"按钮，即可预览自定义滤镜效果，如右图所示。

6.1.5 替换视频滤镜

当用户为素材添加视频滤镜后，如果发现某个视频滤镜未达到预期的效果，可以将该视频滤镜效果替换掉。

边学边练080 **敞开心扉**   关键技法：拖曳鼠标左键

▶ 效果展示

本实例的最终效果如下图所示。

Chapter 01
Chapter 02
Chapter 03
Chapter 04
Chapter 05
Chapter 06
Chapter 07
Chapter 08
Chapter 09

素材文件	光盘\素材\Chapter 06\敞开心扉.VSP
效果文件	光盘\效果\Chapter 06\敞开心扉.VSP
视频文件	光盘\视频\Chapter 06\080 替换视频滤镜.mp4

▶ **操作步骤**

步骤01 进入会声会影X4，打开"敞开心扉.VSP"项目文件，如下图所示。

步骤02 在"属性"选项面板中，选择"替换上一个滤镜"复选框，如下图所示。

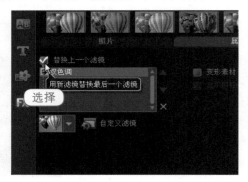

专家指点

　　需要替换视频滤镜效果时，一定要确认"属性"选项面板中的"替换上一个滤镜"复选框处于选中状态。如果该复选框没有被选中，那么系统并不会用新添加的视频滤镜替换之前添加的滤镜，而是同时应用多个滤镜。

步骤03 在"滤镜"素材库中，选择"修剪"滤镜效果，如下左图所示。

步骤04 单击鼠标左键并拖曳至"故事板视图"中的图像素材上方，执行操作后，即可替换上一个视频滤镜，在"属性"选项面板中可以查看替换后的视频滤镜，如下右图所示。单击导览面板中的"播放修整后的素材"按钮，即可预览替换滤镜后的视频效果。

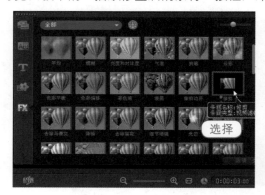

▶ **6.1.6** **删除视频滤镜**

　　在会声会影X4中，如果用户对某个滤镜效果不满意，可将该视频滤镜删除。用户可以在"属性"选项面板中删除一个或多个视频滤镜。

Chapter 01
Chapter 02
Chapter 03
Chapter 04
Chapter 05
Chapter 06
Chapter 07
Chapter 08
Chapter 09

边学边练081　秀丽　　　　关键技法：单击"删除滤镜"按钮

▶ 效果展示

本实例的最终效果如下图所示。

素材文件	光盘\素材\Chapter 06\秀丽.VSP
效果文件	光盘\效果\Chapter 06\秀丽.VSP
视频文件	光盘\视频\Chapter 06\081 删除视频滤镜.mp4

▶ 操作步骤

步骤01 进入会声会影X4，打开"秀丽.VSP"项目文件，如下图所示。

步骤02 在"属性"选项面板中，单击"删除滤镜"按钮，如下图所示，执行操作后，即可删除该视频滤镜。单击导览面板中的"播放修整后的素材"按钮，即可预览素材效果。

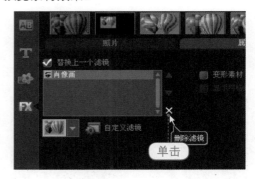

▶ 6.2 应用"二维映射"和"三维纹理映射"滤镜

会声会影X4向用户提供了"二维映射"视频滤镜组与"三维纹理映射"视频滤镜组。在"二维映射"视频滤镜组中，包括"修剪"、"翻转"、"涟漪"、"波纹"、"水流"及"漩涡"滤镜；在"三维纹理映射"视频滤镜组中，包括"鱼眼"、"往内挤压"及"往外扩张"滤镜。用户可根据图像素材的性质应用合适的滤镜效果。

6.2.1 应用"漩涡"滤镜

在会声会影X4中，应用"漩涡"视频滤镜可以为素材添加一个螺旋形的、按顺时针方向旋转的水涡效果。用户可以运用该旋转扭曲的效果来制作梦幻般的彩色漩涡画面。

边学边练082 水中鱼 关键技法："漩涡"滤镜

▶ 效果展示

本实例的最终效果如下图所示。

素材文件	光盘\素材\Chapter 06\水中鱼.jpg
效果文件	光盘\效果\Chapter 06\水中鱼.VSP
视频文件	光盘\视频\Chapter 06\082 应用"漩涡"滤镜.mp4

▶ 操作步骤

步骤01 进入会声会影X4，插入一幅图像素材，如下图所示。

步骤02 在"滤镜"素材库中，单击上方的"画廊"按钮，在弹出的下拉列表中选择"二维映射"选项，如下图所示。

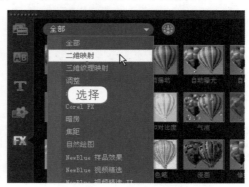

步骤03 在"二维映射"滤镜组中选择"漩涡"滤镜，如下左图所示。

步骤 04 单击鼠标左键并拖曳至"故事板视图"中的图像素材上，如下右图所示，为其添加"漩涡"滤镜。单击导览面板中的"播放修整后的素材"按钮，即可预览"漩涡"滤镜效果。

在"属性"选项面板中，各选项含义如下。

◎ 替换上一个滤镜：选择该复选框，可用新添加的视频滤镜效果替换之前添加的滤镜效果。

◎ 滤镜列表框：显示为该素材添加的所有滤镜效果。

◎ "自定义滤镜"左侧的下三角按钮：在弹出的列表框中显示了应用滤镜的所有预设样式。

◎ 自定义滤镜：单击该按钮，将弹出相应的滤镜对话框，在其中可以对添加的滤镜进行相应的设置。

◎ 变形素材：选择该复选框，可以对预览窗口中的素材进行变形操作。如下图所示为素材变形的前后效果。

◎ 显示网格线：选择该复选框，将在预览窗口中显示素材的网格效果，以方便用户对素材进行编辑。单击右侧的"网格线选项"按钮，在弹出的对话框中可以对网格线进行相应的编辑。如下图所示为显示与隐藏网格的效果。

 专家指点

只有"变形素材"复选框在选中的情况下，"显示网格线"复选框才可用。

Chapter 01
Chapter 02
Chapter 03
Chapter 04
Chapter 05
Chapter 06
Chapter 07
Chapter 08
Chapter 09

6.2.2 应用"水流"滤镜

在会声会影X4中，应用"水流"滤镜可以在画面上添加流水的效果，类似于通过流动的水观看图像。

| 边学边练083 | 桥 | 关键技法："水流"滤镜 |

▶ 效果展示

本实例的最终效果如下图所示。

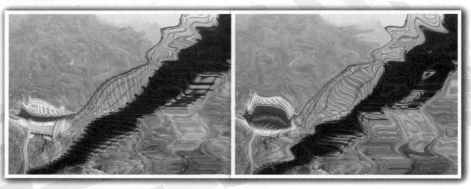

素材文件	光盘\素材\Chapter 06\桥.jpg
效果文件	光盘\效果\Chapter 06\桥.VSP
视频文件	光盘\视频\Chapter 06\083 应用"水流"滤镜.mp4

▶ 操作步骤

步骤01 进入会声会影X4，插入一幅图像素材，如下左图所示。

步骤02 在"滤镜"素材库中，选择"水流"滤镜，如下右图所示。在该滤镜上单击鼠标左键并拖曳至"故事板视图"中的图像素材上方，即可添加"水流"滤镜。单击导览面板中的"播放修整后的素材"按钮，即可预览"水流"滤镜效果。

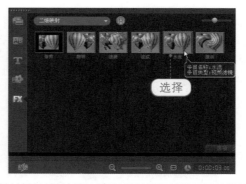

专家指点

在"滤镜"素材库中，拖曳右上方的滑块，可以放大或缩小滤镜图标。

Chapter **01**
Chapter **02**
Chapter **03**
Chapter **04**
Chapter **05**
Chapter **06**
Chapter **07**
Chapter **08**
Chapter **09**

6.2.3 应用"鱼眼"滤镜

在会声会影X4中，"鱼眼"滤镜主要用于模仿鱼眼效果。为素材图像添加该效果后，图像会像鱼眼一样放大突出显示。

| 边学边练084 **鲜花** | 关键技法：**"鱼眼"滤镜** |

▶ 效果展示

本实例的最终效果如下图所示。

素材文件	光盘\素材\Chapter 06\鲜花.jpg
效果文件	光盘\效果\Chapter 06\鲜花.VSP
视频文件	光盘\视频\Chapter 06\084 应用"鱼眼"滤镜.mp4

▶ 操作步骤

步骤01 进入会声会影X4，插入一幅图像素材，如下左图所示。

步骤02 在"滤镜"素材库中，单击上方的"画廊"按钮，在弹出的下拉列表中选择"三维纹理映射"选项，在"三维纹理映射"滤镜组中，选择"鱼眼"滤镜，如下右图所示。在该滤镜上单击鼠标左键并拖曳至"故事板视图"中的图像素材上方，即可添加"鱼眼"滤镜。单击导览面板中的"播放修整后的素材"按钮，即可预览"鱼眼"滤镜效果。

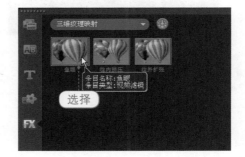

6.2.4 应用"往内挤压"滤镜

在会声会影X4中，"往内挤压"滤镜效果可以从图像的外边向中心挤压变形，给人带来强烈的视觉冲击。

效果展示

本实例的最终效果如下图所示。

素材文件	光盘\素材\Chapter 06\黄花.jpg
效果文件	光盘\效果\Chapter 06\黄花.VSP
视频文件	光盘\视频\Chapter 06\085 应用"往内挤压"滤镜.mp4

操作步骤

步骤01 进入会声会影X4，插入一幅图像素材，如下左图所示。

步骤02 在"滤镜"素材库中，选择"往内挤压"滤镜，如下右图所示。在该滤镜上单击鼠标左键并拖曳至"故事板视图"中的图像素材上方，即可添加"往内挤压"滤镜。单击导览面板中的"播放修整后的素材"按钮，即可预览"往内挤压"滤镜效果。

 专家指点

在"滤镜"素材库的"全部"滤镜组中，也可以选择"往内挤压"滤镜。

6.3 应用"暗房"和"相机镜头"滤镜组

会声会影X4向用户提供了"暗房"视频滤镜组与"相机镜头"视频滤镜组。在"暗房"视频滤镜组中，包括"自动曝光"、"自动调配"、"色彩平衡"及"反转"等滤镜；在"相机镜头"视频滤镜组中，包括"色彩偏移"、"光芒"及"双色调"等滤镜。用户可根据图像素材的性质选择合适的滤镜，并进行添加。

6.3.1 应用"自动曝光"滤镜

"自动曝光"滤镜只有一种滤镜预设模式，它最主要的作用是通过调整图像的光线来达到曝光的效果，适合在光线比较暗的素材上使用。

| 边学边练086 小花朵 | 关键技法："自动曝光"滤镜 |

▶ 效果展示

本实例的最终效果如下图所示。

素材文件	光盘\素材\Chapter 06\小花朵.jpg
效果文件	光盘\效果\Chapter 06\小花朵.VSP
视频文件	光盘\视频\Chapter 06\086 应用"自动曝光"滤镜.mp4

▶ 操作步骤

步骤01 进入会声会影编辑器，插入一幅图像素材，如下左图所示。

步骤02 在"滤镜"素材库中，单击窗口上方的"画廊"按钮，在弹出的下拉列表中选择"暗房"选项。在"暗房"滤镜组中，选择"自动曝光"滤镜效果，如下右图所示。在该滤镜上单击鼠标左键并拖曳至"故事板视图"中的图像素材上方，即可添加"自动曝光"滤镜。单击导览面板中的"播放修整后的素材"按钮，即可预览"自动曝光"滤镜效果。

专家指点

在会声会影X4中，"暗房"滤镜主要为图像应用从胶片到相片的一个转变过程，从而为影片带来由暗到亮的转变效果。

应用"肖像画"滤镜

在会声会影X4中，"肖像画"滤镜主要用于描述人物肖像画的形状，使图像羽化后呈椭圆形或圆形显示。

边学边练087 梦幻情景　　　　　　　　　　　关键技法："肖像画"滤镜

▶ **效果展示**

本实例的最终效果如下图所示。

素材文件	光盘\素材\Chapter 06\梦幻情景.jpg
效果文件	光盘\效果\Chapter 06\梦幻情景.VSP
视频文件	光盘\视频\Chapter 06\087 应用"肖像画"滤镜.mp4

▶ **操作步骤**

步骤01 进入会声会影X4，插入一幅图像素材，如下左图所示。

步骤02 在"滤镜"素材库中，选择"肖像画"滤镜，如下右图所示。在该滤镜上单击鼠标左键并拖曳至"故事板视图"中的图像素材上方，即可添加"肖像画"滤镜。单击导览面板中的"播放修整后的素格"按钮，即可预览"肖像画"滤镜效果。

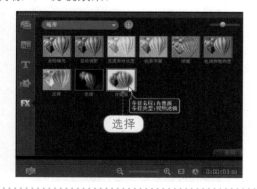

专家指点

在"属性"选项面板中，提供了多种"肖像画"预设样式，用户可根据需要进行相应的选择。

6.3.3 应用"镜头闪光"滤镜

在会声会影X4中，"镜头闪光"滤镜模拟太阳光照的效果，使图像呈现光线四射的特效。

边学边练088 **天蓝**	关键技法："镜头闪光"滤镜

▶ 效果展示

本实例的最终效果如下图所示。

素材文件	光盘\素材\Chapter 06\天蓝.jpg
效果文件	光盘\效果\Chapter 06\天蓝.VSP
视频文件	光盘\视频\Chapter 06\088 应用"镜头闪光"滤镜.mp4

▶ 操作步骤

步骤01 进入会声会影X4，插入一幅图像素材，如下左图所示。

步骤02 在"滤镜"素材库中，单击上方的"画廊"按钮，在弹出的下拉列表中选择"相机镜头"选项。在"相机镜头"滤镜组中，选择"镜头闪光"滤镜，如下右图所示。在该滤镜上单击鼠标左键并拖曳至"故事板视图"中的图像素材上方，即可添加"镜头闪光"滤镜。单击导览面板中的"播放修整后的素材"按钮，即可预览"镜头闪光"滤镜效果。

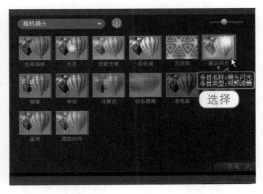

6.4 应用其他滤镜

在会声会影X4中，除了上述向用户介绍的"二维映射"、"三维纹理映射"、"暗房"及"相机镜头"4种滤镜组外，"滤镜"素材库还向用户提供了多种滤镜，如"水彩"、"云彩"以及"雨点"滤镜效果等。本节主要向用户详细介绍这3种滤镜的使用方法。

6.4.1 应用"水彩"滤镜

在会声会影X4中，"水彩"滤镜可以为图像画面带来一种朦胧的水彩感。"水彩"滤镜一共提供了11种不同的滤镜预设模式，用户可根据需要选择相应的滤镜预设。

边学边练089	烟花	关键技法："水彩"滤镜

▶ 效果展示

本实例的最终效果如下图所示。

素材文件	光盘\素材\Chapter 06\烟花.jpg
效果文件	光盘\效果\Chapter 06\烟花.VSP
视频文件	光盘\视频\Chapter 06\089 应用"水彩"滤镜.mp4

▶ 操作步骤

步骤01 进入会声会影X4，插入一幅图像素材，如下左图所示。

步骤02 在"滤镜"素材库中，单击窗口上方的"画廊"按钮，在弹出的下拉列表中选择"自然绘图"选项。在"自然绘图"滤镜组中，选择"水彩"滤镜，如下右图所示。在该滤镜上单击鼠标左键并拖曳至"故事板视图"中的图像素材上方，即可添加"水彩"滤镜。单击导览面板中的"播放修整后的素材"按钮，即可预览"水彩"滤镜效果。

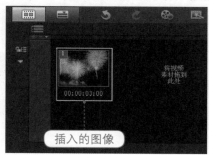

插入的图像

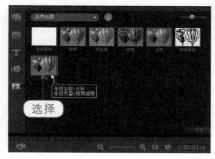

选择

6.4.2　应用"云彩"滤镜

在会声会影X4中，应用"云彩"滤镜可以在视频画面上添加流动的云彩效果，模拟天空中的云彩。

边学边练090 **风景**　　　　　　　　　关键技法："云彩"滤镜

效果展示

本实例的最终效果如下图所示。

素材文件	光盘\素材\Chapter 06\风景.jpg
效果文件	光盘\效果\Chapter 06\风景.VSP
视频文件	光盘\视频\Chapter 06\090 应用"云彩"滤镜.mp4

操作步骤

步骤01 进入会声会影X4，插入一幅图像素材，如下左图所示。

步骤02 在"滤镜"素材库中，单击上方的"画廊"按钮，在弹出的下拉列表中选择"特殊"选项。在"特殊"滤镜组中，选择"云彩"滤镜，如下右图所示。在该滤镜上单击鼠标左键并拖曳至"故事板视图"中的图像素材上方，即可添加"云彩"滤镜。单击导览面板中的"播放修整后的素材"按钮，即可预览"云彩"滤镜效果。

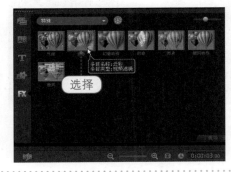

6.4.3　应用"雨点"滤镜

在会声会影X4中，应用"雨点"滤镜可以在画面上添加雨丝效果，模拟大自然中下雨的场景。

效果展示

本实例的最终效果如下图所示。

素材文件	光盘\素材\Chapter 06\山水.jpg
效果文件	光盘\效果\Chapter 06\山水.VSP
视频文件	光盘\视频\Chapter 06\091 应用 "雨点" 滤镜.mp4

操作步骤

步骤01 进入会声会影X4，插入一幅图像素材，如下左图所示。

步骤02 在"滤镜"素材库中，单击上方的"画廊"按钮，在弹出的下拉列表中选择"特殊"选项。在"特殊"滤镜组中，选择"雨点"滤镜，如下右图所示。在该滤镜中单击鼠标左键并拖曳至"故事板视图"中的图像素材上方，即可添加"雨点"滤镜。单击导览面板中的"播放修整后的素材"按钮，即可预览"雨点"滤镜效果。

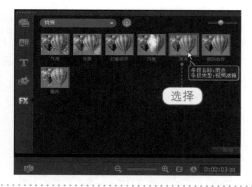

本章小结

　　本章全面向用户介绍了会声会影X4视频滤镜效果的添加、替换、删除、自定义等具体的操作方法。本章以实例的形式，将添加与编辑滤镜特效的每一种方法、每一个选项都进行了详细的介绍。通过对本章的学习，用户可以熟练掌握会声会影X4视频滤镜的各种使用方法和技巧，并能够将视频滤镜合理地运用到所制作的视频作品中。

07 应用精彩的转场效果

从某种专业角度来说，转场就是一种特殊的滤镜效果，它是在两个图像或视频素材之间创建某种过渡效果。如果用户能有效、合理地使用转场效果，可以使影片呈现出专业化的视频效果。本章主要向用户介绍应用转场效果的操作方法，主要包括转场的基本操作、设置转场属性及应用3D转场等内容。

▶ 知识要点

1 添加转场效果
2 移动转场效果
3 替换转场效果
4 删除转场效果
5 应用"百叶窗"转场
6 应用"漩涡"转场
7 应用"飞行翻转"转场
8 应用"折叠盒"转场
9 应用"喷出"转场
10 应用"交叉淡化"转场
11 应用"飞行"转场
12 应用"遮罩"转场
13 应用"相册"转场
14 应用"时钟"转场
15 应用"果皮"转场
16 应用"擦拭"转场

▶ 本章重点

1 替换转场效果
2 改变转场的方向
3 设置转场的边框颜色
4 应用"百叶窗"转场
5 应用"漩涡"转场
6 应用"喷出"转场
7 应用"遮罩"转场
8 应用"相册"转场

▶ 效果欣赏

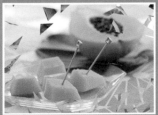  

7.1 转场的基本操作

若转场效果运用得当，可以增加影片的观赏性和流畅性，从而提高影片的艺术档次。若运用不当，会使观众产生错觉，或者产生画蛇添足的感觉，从而大大降低影片的观赏价值。本节主要向用户介绍转场的基本操作，包括添加转场效果、移动转场效果、替换转场效果及删除转场效果。

7.1.1 添加转场效果

转场必须添加到两段素材之间，因此，在添加之前需要把影片分割成素材片段，或者直接把多个素材添加到"故事板视图"上。会声会影X4为用户提供了上百种的转场效果，用户可根据需要手动添加合适的转场效果，从而制作出绚丽多彩的视频作品。

边学边练092 **天真可爱** 关键技法：单击鼠标左键并拖曳

效果展示

本实例的最终效果如下图所示。

素材文件	光盘\素材\Chapter 07\可爱.jpg、天真.jpg
效果文件	光盘\效果\Chapter 07\天真可爱.VSP
视频文件	光盘\视频\Chapter 07\092 添加转场效果.mp4

操作步骤

步骤01 进入会声会影X4，插入两幅图像素材，如下左图所示。

步骤02 单击"转场"按钮AB，切换至"转场"素材库，单击上方的"画廊"按钮，在弹出的下拉列表中选择3D选项，如下右图所示。

专家指点

从本质上讲，影片剪辑就是选取要用的视频片段并重新排列组合，而转场就是连接两段视频的方式，所以转场效果在视频编辑领域中占有很重要的地位。运用会声会影X4提供的16大类共一百多种转场效果，可以让素材之间的过渡更加生动、美丽，从而制作出绚丽多姿的视频作品。

中文版会声会影X4完全学习手册（全彩超值版）

Chapter
01

Chapter
02

Chapter
03

Chapter
04

Chapter
05

Chapter
06

Chapter
07

Chapter
08

Chapter
09

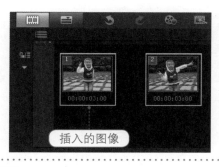

插入的图像 选择

步骤 03 在3D转场素材库中，选择"飞行木板"转场，如下左图所示。

步骤 04 在该转场上单击鼠标左键并拖曳至"故事板视图"中的两幅图像素材之间，即可添加"飞行木板"转场效果，如下右图所示。单击"播放修整后的素材"按钮，即可预览转场效果。

选择 添加转场

专家指点

在3D转场组中，选择相应的转场效果后，单击上方的"对视频轨应用当前效果"按钮，即可对"视频轨"应用当前选择的转场效果。

7.1.2 移动转场效果

在会声会影X4中，如果用户需要调整转场的位置，可先选择需要移动的转场效果，然后将其拖曳至合适位置，即可移动转场效果。

边学边练093 古典艺术　　　　　　　关键技法：单击鼠标左键并拖曳

▶ **效果展示**

本实例的最终效果如下图所示。

素材文件	光盘\素材\Chapter 07\古典艺术.VSP
效果文件	光盘\效果\Chapter 07\古典艺术.VSP
视频文件	光盘\视频\Chapter 07\093 移动转场效果.mp4

▶ 操作步骤

步骤01 进入会声会影X4，打开"古典艺术.VSP"项目文件，如下左图所示。

步骤02 在"故事板视图"中选择第1张图像与第2张图像之间的转场效果，在该转场效果上单击鼠标左键并拖曳至第2张图像与第3张图像之间，如下右图所示。此时，单击"播放修整后的素材"按钮，预览转场效果。

专家指点

在编辑转场效果时，用户可将"故事板视图"中不需要的转场效果删除，然后在需要的位置处添加相应的转场效果即可。

▷ 7.1.3　替换转场效果

在会声会影X4中的素材之间添加相应的转场效果后，还可以根据需要对转场效果进行替换操作。

边学边练094　高贵优雅　　　　　关键技法：单击鼠标左键并拖曳

▶ 效果展示

本实例的最终效果如下图所示。

素材文件	光盘\素材\Chapter 07\高贵优雅.VSP
效果文件	光盘\效果\Chapter 07\高贵优雅.VSP
视频文件	光盘\视频\Chapter 07\094 替换转场效果.mp4

Chapter
01

Chapter
02

Chapter
03

Chapter
04

Chapter
05

Chapter
06

Chapter
07

Chapter
08

Chapter
09

▶ 操作步骤

步骤 01 进入会声会影X4，打开一个项目文件，如下左图所示。

步骤 02 在3D转场素材库中，选择"对开门"转场，在该转场效果上单击鼠标左键并拖曳至"故事板视图"中的两幅图像素材之间，替换之前添加的转场效果，如下右图所示。单击"播放修整后的素材"按钮，即可预览转场效果。

打开的项目

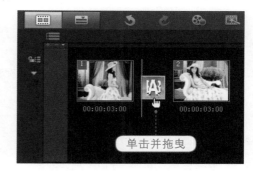
单击并拖曳

专家指点

在会声会影X4中，用户还可以为"故事板视图"中的图像素材应用随机转场效果。使用随机的转场效果主要用于帮助初学者快速而方便地添加转场效果。若要灵活地控制转场效果，则需要取消选择"参数设置"对话框中的"使用默认转场效果"复选框，以便手动添加转场。

7.1.4 删除转场效果

在会声会影X4中，如果添加的转场效果不符合用户的要求，可以将其删除。删除转场效果的操作方法很简单，有以下两种方法。

◉ 在"故事板视图"中选择需要删除的转场效果，单击鼠标右键，在弹出的快捷菜单中单击"删除"命令，如下图所示，即可删除转场效果。

单击

删除转场

◉ 在"故事板视图"中，选择需要删除的转场效果，按【Delete】键，可直接删除选择的转场效果。

7.2 设置转场属性

上一节向用户介绍了添加、移动、替换和删除转场效果的方法后，接下来为用户介绍在选项面板设置转场的方法，如改变转场的方向、设置转场的时间长度、设置转场的边框效果及设置转场的边框颜色等。

7.2.1 改变转场的方向

在会声会影X4中，为"故事板视图"中的素材添加相应的转场效果后，在"转场"选项面板中，还可以根据需要改变转场效果的运动方向，使其效果更自然。

专家指点

根据转场效果的不同，其"转场"选项面板中的"方向"按钮也不一样。比如3D转场素材库中的转场效果只有4种按钮；"旋转"转场素材库中的转场效果有8种按钮；对于"擦拭"转场素材库中的某些转场效果而言，没有"方向"按钮。

下面以在两幅图像素材之间添加"擦拭"转场素材库中的"对开门"转场效果为例，介绍其各按钮的应用方法与播放效果。

◎ 打开-垂直分割：单击"打开-垂直分割"按钮 ◀▶ ，即可将图像素材以垂直分割的方式展开运动效果，如下图所示。

◎ 打开-水平分割：单击"打开-水平分割"按钮 ▲▼ ，即可将图像素材以水平分割的方式展开运动效果，如下图所示。

◎ 打开-对角分割：单击"打开-对角分割"按钮 ◣ ，即可将图像素材以对角的方式进行分割，然后展开运动效果。

Chapter 01
Chapter 02
Chapter 03
Chapter 04
Chapter 05
Chapter 06
Chapter 07
Chapter 08
Chapter 09

▷ 7.2.2　设置转场的时间长度

　　为素材之间添加并调整转场效果之后，可以对转场效果的部分属性进行相应的设置，从而制作出丰富的视觉效果。转场的默认时间为1s，用户可根据需要设置转场的播放时间。

| 边学边练095　艺术写真 | 关键技法："区间"数值框 |

▶ 效果展示

　　本实例的最终效果如下图所示。

素材文件	光盘\素材\Chapter 07\艺术写真.VSP
效果文件	光盘\效果\Chapter 07\艺术写真.VSP
视频文件	光盘\视频\Chapter 07\095 设置转场的时间长度.mp4

▶ 操作步骤

步骤01 进入会声会影X4，打开"艺术写真.VSP"项目文件，选择图像之间的转场效果，如下图所示。

步骤02 设置"转场"选项面板的"区间"选项为0:00:02:00，如下图所示。单击"播放修整后的素材"按钮，即可预览调整区间后的转场效果。

　　在"转场"选项面板中，各选项的含义如下。

◉ 边框：在右侧的文本框中输入相应的数值，可以设置转场效果的边框样式及大小。

◉ 色彩：单击"色彩"选项右侧的颜色色块，在弹出的颜色面板中，选择相应的颜色，可以设置转场效果的边框颜色。

◉ 柔化边缘：指定转场效果和素材的融合程度。单击相应的按钮，即可得到不同程度的柔化效果。"强柔化边缘"选项可以使转场不明显，从而在素材之间创建平滑的过渡。

会声会影X4提供了上百种转场效果，用户可以为许多转场效果设置相应的边框样式，从而为转场效果锦上添花，加强效果的美感。

边学边练096 美女　　　　关键技法："边框"数值框

效果展示

本实例的最终效果如下图所示。

素材文件	光盘\素材\Chapter 07\美女.VSP
效果文件	光盘\效果\Chapter 07\美女.VSP
视频文件	光盘\视频\Chapter 07\096 设置转场的边框效果.mp4

操作步骤

步骤01 进入会声会影X4，打开一个项目文件，选择需要设置边框的转场效果，如下图所示。

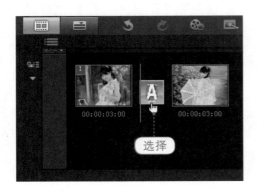

步骤02 在"转场"选项面板的"边框"右侧的文本框中输入"2"，如下图所示。单击"播放修整后的素材"按钮，即可预览调整边框后的转场效果。

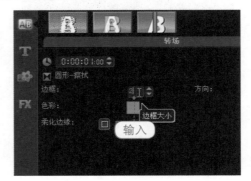

专家指点

在会声会影X4中，转场边框宽度的取值范围为0～10。

7.2.4　设置转场的边框颜色

　　"转场"选项面板中的"色彩"选项主要用于设置转场效果的边框颜色。该选项提供了多种颜色样式，用户可根据需要进行相应的选择。

　　打开上一小节的效果文件，选择需要设置的转场效果，在"转场"选项面板中，单击"色彩"选项右侧的色块，在弹出的颜色面板中选择白色，如下左图所示。此时，转场边框的颜色已设置为白色，如下右图所示。

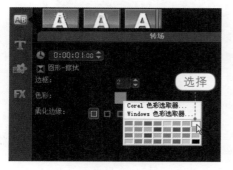 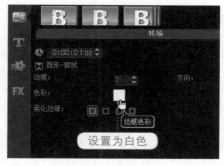

　　单击"播放修整后的素材"按钮，即可预览更改颜色后的转场边框效果，如下图所示。

7.3　应用3D转场效果

　　在3D转场素材库中，包括"对开门"、"百叶窗"、"外观"、"飞行木板"及滑动等15种转场类型，这类转场的特征是将素材A转换为一个三维对象，然后融合到素材B中。本节主要向用户介绍应用三维转场效果的操作方法。

7.3.1　应用"百叶窗"转场

　　"百叶窗"转场效果是3D转场类型中最常用的一种，是指素材A以百叶窗翻转的方式进行过渡，以显示素材B。

边学边练097　仰望幸福　　　　　　　　　关键技法："百叶窗"转场

▶ **效果展示**

　　本实例的最终效果如下图所示。

素材文件	光盘\素材\Chapter 07\仰望.jpg、留恋.jpg
效果文件	光盘\效果\Chapter 07\仰望回忆.VSP
视频文件	光盘\视频\Chapter 07\097 应用"百叶窗"转场.mp4

▶ 操作步骤

步骤 **01** 进入会声会影X4，插入两幅图像素材，如下左图所示。

步骤 **02** 在"转场"素材库的3D转场类中，选择"百叶窗"转场，如下右图所示。在该转场上单击鼠标左键并将其拖曳至"故事板视图"中的两幅图像素材之间，即可添加"百叶窗"转场效果。单击"播放修整后的素材"按钮，即可预览"百叶窗"转场效果。

▶▶ **7.3.2** 应用"漩涡"转场

在3D转场素材库中，应用"漩涡"转场后，素材A以爆炸碎裂的形式融合到素材B中。

边学边练098　**水果**　　　　　　　　　　关键技法："漩涡"转场

▶ 效果展示

本实例的最终效果如下图所示。

素材文件	光盘\素材\Chapter 07\水果1.jpg、水果2.jpg
效果文件	光盘\效果\Chapter 07\水果.VSP
视频文件	光盘\视频\Chapter 07\098 应用 "漩涡" 转场.mp4

▶ 操作步骤

步骤01 进入会声会影X4，插入两幅图像素材，如下左图所示。

步骤02 在 "转场" 素材库的3D转场中，选择 "漩涡" 转场，如下右图所示。在该转场上单击鼠标左键并将其拖曳至 "故事板视图" 中的两幅图像素材之间，即可添加 "漩涡" 转场效果。单击 "播放修整后的素材" 按钮，即可预览 "漩涡" 转场效果。

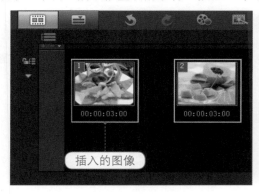

　　添加 "漩涡" 转场效果后，在 "转场" 选项面板中，单击 "自定义" 按钮，弹出 "漩涡–三维" 对话框，如右图所示，在其中可以对漩涡选项进行相应的设置。

　　在 "漩涡–三维" 对话框中，各选项含义如下。

◉ 密度：调整碎片分裂的数量。数值越大，分裂的碎片数量越多。

◉ 旋转：调整碎片旋转运动的角度。数值越大，碎片旋转运动越明显。

◉ 变化：调整碎片随机运动的变化程度。数值越大，运动轨迹的随机性越强。

◉ 颜色键覆叠：选择该复选框，然后单击右侧的颜色块，将弹出 "图像色彩选取器" 对话框。在缩略图上单击鼠标左键，可以吸取需要透空的区域色彩，也可以单击 "选取图像色彩" 右侧的颜色选项，指定透空的色彩。"遮罩色彩" 选项则用于在缩略图上显示透空区域的颜色。"色彩相似度" 选项用于控制指定的透空色彩范围。设置完成后，单击 "确定" 按钮，可以使指定的透空色彩区域透出素材B的相应区域的颜色。

◉ 动画：设置碎片的运动方式，包括 "爆炸"、"扭曲" 和 "上升" 3种不同的类型。用户可根据素材类型进行相应的选择。

◉ 形状：设置碎片的形状样式，包括 "三角形"、"矩形"、"球形" 和 "点" 4种形状。如下图所示为 "矩形" 与 "球形" 的转场形状。

◉ 映射类型：设置碎片边缘的反射类型，包括"镜像"和"自定义"两种类型。

7.3.3 应用"飞行翻转"转场

在会声会影X4中，"飞行翻转"转场是将素材A以折叠的形式翻转成立体的长方体盒子，然后显示素材B。

<table>
<tr><td>边学边练099</td><td>美丽漂亮</td><td>关键技法："飞行翻转"转场</td></tr>
</table>

▶ 效果展示

本实例的最终效果如下图所示。

素材文件	光盘\素材\Chapter 07\美丽.jpg、漂亮.jpg
效果文件	光盘\效果\Chapter 07\美丽漂亮.VSP
视频文件	光盘\视频\Chapter 07\099 应用"飞行翻转"转场.mp4

▶ 操作步骤

步骤01 进入会声会影X4，插入两幅图像素材，如下左图所示。

步骤02 在"转场"素材库的3D转场中，选择"飞行翻转"转场，如下右图所示。在该转场上单击鼠标左键并将其拖曳至"故事板视图"中的两幅图像素材之间，即可添加"飞行翻转"转场效果。单击"播放修整后的素材"按钮，即可预览"飞行翻转"转场效果。

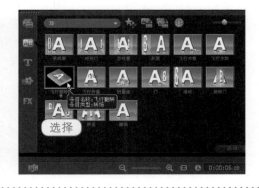

插入的图像　　　　　　选择

Chapter 01

Chapter 02

Chapter 03

Chapter 04

Chapter 05

Chapter 06

Chapter 07

Chapter 08

Chapter 09

7.3.4　应用"折叠盒"转场

在会声会影X4中，"折叠盒"转场是将素材A折成长方体盒子，然后显示素材B。

边学边练100　生活照　　　　　　　　　　关键技法："折叠盒"转场

效果展示

本实例的最终效果如下图所示。

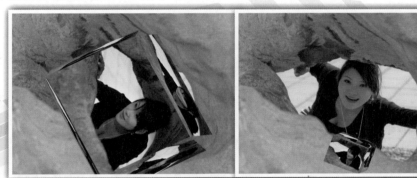

素材文件	光盘\素材\Chapter 07\生活1.jpg、生活2.jpg
效果文件	光盘\效果\Chapter 07\生活照.VSP
视频文件	光盘\视频\Chapter 07\100 应用"折叠盒"转场.mp4

操作步骤

步骤01　进入会声会影X4，插入两幅图像素材，如下左图所示。

步骤02　在"转场"素材库的3D转场中，选择"折叠盒"转场，如下右图所示。在该转场上单击鼠标左键并将其拖曳至"故事板视图"中的两幅图像素材之间，即可添加"折叠盒"转场效果。单击"播放修整后的素材"按钮，即可预览"折叠盒"转场效果。

专家指点

"折叠盒"转场效果一般用于人物照、生活照及动物照等素材之间的过渡。

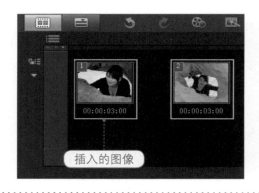

插入的图像

选择

7.4 应用"过滤"转场效果

"过滤"转场素材库中包括20种转场类型，它们的特征是素材A以自然过渡的方式逐渐被素材B取代。本节主要向用户介绍应用"过滤"转场效果的操作方法。

7.4.1 应用"喷出"转场

在会声会影X4中，"喷出"转场效果是指素材以喷出的形式从中心裂开并往四周扩散，从而形成相应的过渡效果。

| 边学边练101 | 办公桌椅 | 关键技法："喷出"转场 |

▶ 效果展示

本实例的最终效果如下图所示。

素材文件	光盘\素材\Chapter 07\塑料.jpg、木质.jpg
效果文件	光盘\效果\Chapter 07\办公桌椅.VSP
视频文件	光盘\视频\Chapter 07\101 应用"喷出"转场.mp4

▶ 操作步骤

步骤 01 进入会声会影X4，插入两幅图像素材，如下左图所示。

中文版会声会影X4完全学习手册（全彩超值版）

步骤02 在"转场"素材库的"过滤"转场中，选择"喷出"转场效果，如下右图所示。在该转场上单击鼠标左键并将其拖曳至"故事板视图"中的两幅图像素材之间，即可添加"喷出"转场效果。单击"播放修整后的素材"按钮，预览"喷出"转场效果。

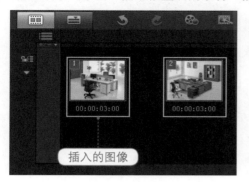
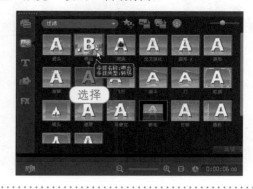

插入的图像

选择

7.4.2　应用"交叉淡化"转场

在会声会影X4中，"交叉淡化"转场效果是以素材A的透明度由100%转变到0%。素材B的透明度由0%转变到100%的过程。

边学边练102　渐变消失　关键技法："交叉淡化"转场

效果展示

本实例的最终效果如下图所示。

素材文件	光盘\素材\Chapter 07\小孩.jpg、少女.jpg
效果文件	光盘\效果\Chapter 07\渐变消失.VSP
视频文件	光盘\视频\Chapter 07\102 应用"交叉淡化"转场.mp4

操作步骤

步骤01 进入会声会影X4，插入两幅图像素材，如下左图所示。

步骤02 在"转场"素材库的"过滤"转场中，选择"交叉淡化"转场，如下右图所示。在该转场上单击鼠标左键并将其拖曳至"故事板视图"中的两幅图像素材之间，添加"交叉淡化"转场效果。单击"播放修整后的素材"按钮，预览"交叉淡化"转场效果。

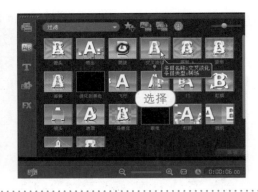

插入的图像　　选择

▷ 7.4.3 应用"飞行"转场

在会声会影X4中，"飞行"转场效果是指素材A从一角飞行至另一角落幕，同时显示素材B的过渡效果。添加"飞行"转场效果与添加"交叉淡化"转场效果的方法类似，在此不再重复介绍，用户可参照添加"交叉淡化"转场效果的方法添加"飞行"转场效果。

当用户在"故事板视图"中添加"飞行"转场效果后，可单击"播放修整后的素材"按钮，预览"飞行"转场效果，如下图所示。

▷ 7.4.4 应用"遮罩"转场

在会声会影X4中，"遮罩"转场是指素材A以画面遮罩的方式进行运动，同时显示素材B的过渡效果。添加"遮罩"转场效果的方法与添加"飞行"转场效果的方法类似，在此不再重复介绍。

当用户在"故事板视图"中添加"遮罩"转场效果后，可单击"播放修整后的素材"按钮，预览"遮罩"转场效果，如下图所示。

7.5 应用其他转场效果

除了上一节介绍的几种转场效果，会声会影X4还有多种转场效果可供用户选择，本节将以"相册"、"时钟"、"果皮"和"擦拭"转场组为例进行介绍。

7.5.1 应用"相册"转场

在会声会影X4中，"相册"转场效果是以相册翻动的方式来展现视频或静态画面。"相册"转场的参数设置很丰富，可以设置相册布局、封面、背景、大小、位置等。

边学边练103　**等待幸福**	关键技法："相册"转场

▶ 效果展示

本实例的最终效果如下图所示。

素材文件	光盘\素材\Chapter 07\清秀.jpg、等待.jpg
效果文件	光盘\效果\Chapter 07\等待幸福.VSP
视频文件	光盘\视频\Chapter 07\103 应用"相册"转场.mp4

▶ 操作步骤

步骤01 进入会声会影X4，插入两幅图像素材，如下图所示。

步骤02 在"相册"素材库中，选择"翻转"转场，如下图所示，将其添加至两幅图像素材之间。单击"播放修整后的素材"按钮，预览"相册"转场效果。

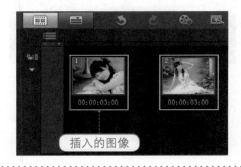

7.5.2 应用"时钟"转场

在会声会影X4中，"时钟"转场效果是指素材A以时钟旋转的方式进行运动，同时显示素材B的过渡效果。

| 边学边练104 | 食品 | 关键技法："时钟"转场 |

▶ 效果展示

本实例的最终效果如下图所示。

素材文件	光盘\素材\Chapter 07\雪糕.jpg、水果.jpg
效果文件	光盘\效果\Chapter 07\食品.VSP
视频文件	光盘\视频\Chapter 07\104 应用"时钟"转场.mp4

▶ 操作步骤

步骤01 进入会声会影X4，插入两幅图像素材，如下图所示。

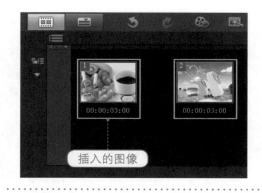

步骤02 在"时钟"素材库中，选择"扭曲"转场，如下图所示，将其添加至两幅图像素材之间。单击"播放修整后的素材"按钮，预览"时钟"转场效果。

7.5.3 应用"果皮"转场

在会声会影X4中，"果皮"转场效果是将素材A以类似果皮的翻转方式翻转，同时显示素材B的过渡效果。

中文版会声会影X4完全学习手册（全彩超值版）

Chapter 01
Chapter 02
Chapter 03
Chapter 04
Chapter 05
Chapter 06
Chapter 07
Chapter 08
Chapter 09

边学边练105　婚礼　　　　　　　关键技法："果皮"转场

效果展示

本实例的最终效果如下图所示。

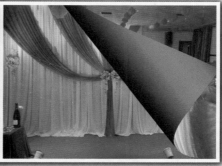

素材文件	光盘\素材\Chapter 07\婚礼1.jpg、婚礼2.jpg
效果文件	光盘\效果\Chapter 07\婚礼.VSP
视频文件	光盘\视频\Chapter 07\105 应用"果皮"转场.mp4

操作步骤

步骤01 进入会声会影X4，插入两幅图像素材，如下图所示。

插入的图像

步骤02 在"果皮"素材库中，选择"翻页"转场，如下图所示，将其添加至两幅图像素材之间。单击"播放修整后的素材"按钮，预览"翻页"转场效果。

选择

专家指点

选择在"故事板视图"中添加的"翻页"转场效果，在"转场"选项面板中，用户还可以根据需要设置转场效果的边框、颜色及运动方向等属性。

7.5.4　应用"擦拭"转场

在会声会影X4中，"擦拭"转场效果是指素材A以抹布擦拭的形式运动，从而慢慢显示素材B的过渡效果。

▶ 效果展示

本实例的最终效果如下图所示。

素材文件	光盘\素材\Chapter 07\床1.jpg、床2.jpg
效果文件	光盘\效果\Chapter 07\床.VSP
视频文件	光盘\视频\Chapter 07\106 应用"擦拭"转场.mp4

▶ 操作步骤

步骤01 进入会声会影X4，插入两幅图像素材，如下图所示。

步骤02 在"擦拭"素材库中，选择"菱形"转场，如下图所示，将其添加至两幅图像素材之间。单击"播放修整后的素材"按钮，预览"菱形"转场效果。

本章小结

　　本章使用大量篇幅，全面介绍了会声会影X4转场效果的添加、移动、替换及删除的具体操作方法和技巧，同时对常用的转场效果以实例的形式向用户进行了详尽的说明和效果展示。通过对本章的学习，用户应该全面、熟练地掌握会声会影X4转场效果的设置及应用方法，并对转场效果所产生的画面有所了解。

中文版会声会影X4完全学习手册（全彩超值版）

08 添加与编辑字幕效果

　　如今，在各种各样的广告中，字幕的应用越来越频繁，这些精美的字幕不仅能够起到为影片增色的作用，还能够直接向观众传递影片信息或制作理念。字幕是现代影片中的重要组成部分，可以使观众能够更好地理解影片的含义。本章主要向用户介绍添加与编辑字幕效果的操作方法。

▶ 知识要点

1	添加单个标题字幕	**8**	更改标题字体颜色
2	添加多个标题字幕	**9**	淡化效果
3	应用标题模板创建标题字幕	**10**	弹出效果
4	调整标题行间距	**11**	翻转效果
5	调整标题区间	**12**	飞行效果
6	更改标题字体	**13**	缩放效果
7	更改标题字体大小	**14**	下降效果

▶ 本章重点

1	添加多个标题字幕	**5**	制作标题字幕的淡化动画
2	将单个标题转换为多个标题	**6**	制作标题字幕的弹出动画
3	调整标题区间	**7**	制作标题字幕的翻转动画
4	更改标题字体	**8**	制作标题字幕的移动路径动画

▶ 效果欣赏

8.1 添加标题字幕

在会声会影X4中，标题字幕是影片中必不可少的元素，好的标题不仅可以传送画面以外的信息，还可以增强影片的艺术效果。为影片设置漂亮的标题字幕，可以使影片更具吸引力和感染力。本节主要向用户介绍添加标题字幕的操作方法。

8.1.1 添加单个标题字幕

标题字幕设计是视频编辑的艺术手段之一，在会声会影X4中，用户可根据需要在预览窗口中创建单个标题字幕。

边学边练107 恋爱证书	关键技法："单个标题"单选按钮

▶ 效果展示

本实例的最终效果如下图所示。

素材文件	光盘\素材\Chapter 08\信件.jpg
效果文件	光盘\效果\Chapter 08\恋爱证书.VSP
视频文件	光盘\视频\Chapter 08\107 添加单个标题字幕.mp4

▶ 操作步骤

步骤01 进入会声会影X4，插入一幅图像素材，如下图所示。

步骤02 切换至"时间轴视图"，单击"标题"按钮，切换至"标题"素材库，在"编辑"选项面板中选择"单个标题"单选按钮，如下图所示。

插入的图像

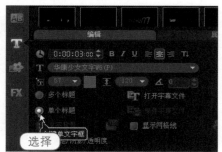

选择

Chapter **01**

Chapter **02**

Chapter **03**

Chapter **04**

Chapter **05**

Chapter **06**

Chapter **07**

Chapter **08**

Chapter **09**

步骤 03 在预览窗口中的适当位置双击鼠标左键，出现一个文本输入框，在其中输入相应的文本内容，并多次按【Enter】键换行操作，如下图所示。

步骤 04 在"编辑"选项面板中，设置标题字幕的字体、字号及颜色等属性，如下图所示。设置完成后，即可在预览窗口中预览字幕效果。

8.1.2 添加多个标题字幕

在会声会影X4中，添加多个标题时，不仅可以应用动画和背景效果，还可以在同一帧中创立多个标题字幕效果。

| **边学边练108** 欧式御园 | 关键技法："多个标题"单选按钮 |

▶ 效果展示

本实例的最终效果如下图所示。

素材文件	光盘\素材\Chapter 08\欧式御园.jpg
效果文件	光盘\效果\Chapter 08\欧式御园.VSP
视频文件	光盘\视频\Chapter 08\108 添加多个标题字幕.mp4

▶ 操作步骤

步骤 01 进入会声会影X4，插入一幅图像素材，如下左图所示。

步骤02 切换至"时间轴视图"，单击"标题"按钮 T，切换至"标题"素材库，在"编辑"选项面板中选择"多个标题"单选按钮，如下右图所示。

插入的图像

选择

步骤03 在预览窗口中的适当位置输入文本"欧式御园"，在"编辑"选项面板中设置文本的相应属性，效果如下图所示。

步骤04 按照同样的方法，在预览窗口中输入相应的文本内容，并设置相应的文本属性，效果如下图所示。

专家指点

预览窗口中有一个矩形框标出的区域，它表示标题的安全区域，即允许输入标题的范围，在该范围内输入的文字才会在播放时正确显示。在会声会影X4中，"多个标题"模式可以更灵活地将不同单词或文字放至视频帧的任何位置，并且可以排列文字，使之有秩序。

在"编辑"选项面板中，各选项含义如下。

◎ "区间"数值框 0:00:01:15：该数值框用于调整标题字幕播放的时间长度，显示了播放当前所选标题字幕所需的时间，时间码上的数字代表"小时:分钟:秒:帧"。单击其右侧的微调按钮，可以调整数值的大小。用户也可以单击时间码上的数字，待数字处于闪烁状态时，输入新的数字后按【Enter】键确认，即可改变标题字幕的播放时间长度。

◎ "字体"列表框：单击"字体"右侧的下拉按钮，在弹出的下拉列表中显示了系统中的所有字体类型，用户可根据需要选择相应的字体选项。

◎ "字体大小"列表框：单击"字体大小"右侧的下拉按钮，在弹出的下拉列表中选择相应的大小选项，即可调整字体的大小。

◎ "色彩"色块：单击该色块，在弹出的颜色面板中，可以设置字体的颜色。

◎ "行间距"列表框：单击"行间距"右侧的下拉按钮，在弹出的下拉列表中选择相应的选项，可以设置文本的行间距。

◎ "按角度旋转"文本框：主要用于设置文本的旋转角度。

◎ "多个标题"单选按钮：选择该单选按钮，即可在预览窗口中输入多个标题。

◎ "单个标题"单选按钮：选择该单选按钮，只能在预览窗口中输入单个标题。

◎ "文字背景"复选框：选择该复选框，可以为文字添加背景效果。

◎ "边框/阴影/透明度"按钮：单击该按钮，在弹出的对话框中用户可根据需要设置文本的边框、阴影及透明度等效果。

◎ 对齐按钮组：该组中提供了3个对齐按钮，分别为"左对齐"按钮■、"居中"按钮■及"右对齐"按钮■。单击相应的按钮，即可对文本进行相应对齐操作。

◎ "将方向更改为垂直"按钮■，单击该按钮，即可将文本进行垂直对齐操作；若再次单击该按钮，即可将文本进行水平对齐操作。

▷ 8.1.3 将多个标题转换为单个标题

会声会影X4的单个标题功能主要用于制作片尾的字幕，一般情况下，建议用户使用多个标题功能。下面介绍将多个标题转换为单个标题的操作步骤。

边学边练109 **田园生活** | 关键技法："单个标题"单选按钮

▶ 效果展示

本实例的最终效果如下图所示。

素材文件	光盘\素材\Chapter 08\田园生活.jpg
效果文件	光盘\效果\Chapter 08\田园生活.VSP
视频文件	光盘\视频\Chapter 08\109 多个标题转换为单个标题.mp4

▶ 操作步骤

步骤01 进入会声会影X4，打开一个项目文件，如下左图所示。

步骤02 在标题轨中双击需要转换的标题字幕，在"编辑"选项面板中选择"单个标题"单选按钮，如下右图所示。

Chapter 01
Chapter 02
Chapter 03
Chapter 04
Chapter 05
Chapter 06
Chapter 07
Chapter 08
Chapter 09

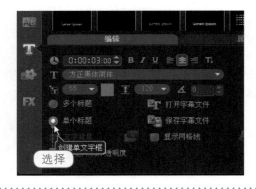

步骤 03 弹出提示信息框，提示用户是否继续操作，如下图所示。

步骤 04 单击"是"按钮，即可将多个标题转换为单个标题，效果如下图所示。

转换后的标题

▷ 8.1.4　将单个标题转换为多个标题

在会声会影X4中，无论标题文字有多长，单个标题都是一个标题，不能对单个标题应用背景效果，标题位置不能移动。输入标题时，当输入的文字超出安全区域时，可以拖动矩形框上的控制柄进行调整。下面介绍将单个标题转换为多个标题的操作步骤。

边学边练110　高贵典雅　　　　　　　　关键技法："多个标题"单选按钮

▶ 效果展示

本实例的最终效果如下图所示。

中文版会声会影X4完全学习手册（全彩超值版）

素材文件	光盘\素材\Chapter 08\高贵典雅.jpg
效果文件	光盘\效果\Chapter 08\高贵典雅.VSP
视频文件	光盘\视频\Chapter 08\110 单个标题转换为多个标题.mp4

▶ 操作步骤

步骤01 进入会声会影X4，打开一个项目文件，如下图所示。

步骤02 在标题轨中双击需要转换的标题字幕，在"编辑"选项面板中选择"多个标题"单选按钮，如下图所示。

步骤03 此时，弹出提示信息框，提示用户是否继续操作，如右图所示。单击"是"按钮，即可将单个标题转换为多个标题。

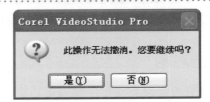

▶ 8.1.5　应用标题模板创建标题字幕

　　会声会影X4的素材库提供了丰富的预设标题，用户可以直接将其添加到标题轨上，再根据需要修改标题内容，使预设的标题与影片融为一体。下面介绍应用标题模板创建标题字幕的操作步骤。

边学边练111　贵族婚约　　　　关键技法：单击鼠标左键并拖曳

▶ 效果展示

　　本实例的最终效果如下图所示。

Chapter 01
Chapter 02
Chapter 03
Chapter 04
Chapter 05
Chapter 06
Chapter 07
Chapter 08
Chapter 09

素材文件	光盘\素材\Chapter 08\贵族婚约.jpg
效果文件	光盘\效果\Chapter 08\贵族婚约.VSP
视频文件	光盘\视频\Chapter 08\111 应用标题模板创建标题字幕.mp4

▶ 操作步骤

步骤01 进入会声会影X4，插入一幅图像素材，如下左图所示。

步骤02 在"标题"素材库中，选择第1排第6个标题模板样式，单击鼠标左键并拖曳至标题轨中的时间线位置，更改文本内容。在"编辑"选项面板中设置标题字幕的颜色、字体及旋转角度等属性，如下右图所示。单击"播放修整后的素材"按钮，预览标题字幕动画效果。

 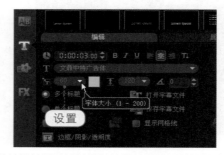

8.2 编辑标题属性

会声会影X4中的字幕编辑功能与Word中的文字处理功能相似，提供了较为完善的字幕编辑和设置功能，用户可以对文本或其他字幕对象进行编辑和美化操作。本节主要向用户介绍编辑标题属性的各种操作方法。

8.2.1 调整标题行间距

在会声会影X4中，用户可根据需要对标题字幕的行间距进行设置，行间距的取值范围为60～999之间的整数。

边学边练112 圣诞快乐 | 关键技法："行间距"数值框

▶ 效果展示

本实例的最终效果如下图所示。

素材文件	光盘\素材\Chapter 08\圣诞快乐.VSP
效果文件	光盘\效果\Chapter 08\圣诞快乐.VSP
视频文件	光盘\视频\Chapter 08\112 调整标题行间距.mp4

▶ 操作步骤

步骤 01 进入会声会影X4，打开一个项目文件，如下左图所示。

步骤 02 在标题轨中双击需要调整行间距的标题字幕，在"编辑"选项面板的"行间距"文本框中输入"140"，如下右图所示，设置标题字幕行间距。单击"播放修整后的素材"按钮，预览字幕效果。

▶ 8.2.2 调整标题区间

在会声会影X4中，为了使标题字幕与视频同步播放，用户可根据需要调整标题字幕的区间长度。

边学边练113 **幸福夜晚**　　　　　　关键技法："区间"数值框

▶ 效果展示

本实例的最终效果如下图所示。

素材文件	光盘\素材\Chapter 08\幸福夜晚.VSP
效果文件	光盘\效果\Chapter 08\幸福夜晚.VSP
视频文件	光盘\视频\Chapter 08\113 调整标题区间.mp4

Chapter 01
Chapter 02
Chapter 03
Chapter 04
Chapter 05
Chapter 06
Chapter 07
Chapter 08
Chapter 09

步骤01 进入会声会影X4，打开一个项目文件，如下左图所示。

步骤02 在标题轨中双击需要调整区间的标题字幕，在"编辑"选项面板中设置标题字幕的"区间"为0:00:05:00，如下右图所示，按【Enter】键确认操作。单击"播放修整后的素材"按钮，预览字幕效果。

专家指点

拖曳标题轨中字幕右侧的黄色控制柄，也可以调整标题字幕的区间长度。

8.2.3 更改标题字体

在会声会影X4中，用户可根据需要对轨中的标题字体类型进行更改操作，使其在视频中显示更佳的效果。

边学边练114 幸福公主　　　　关键技法："隶书"选项

效果展示

本实例的最终效果如下图所示。

素材文件	光盘\素材\Chapter 08\幸福公主.VSP
效果文件	光盘\效果\Chapter 08\幸福公主.VSP
视频文件	光盘\视频\Chapter 08\114 更改标题字体.mp4

▶ **操作步骤**

步骤01 进入会声会影X4，打开一个项目文件，如下左图所示。

步骤02 在标题轨中双击需要更改字体的标题字幕，在"编辑"选项面板中单击"字体"右侧的下三角按钮，在弹出的下拉列表中选择"隶书"选项，如下右图所示，即可更改标题字体。单击"播放修整后的素材"按钮，预览字幕效果。

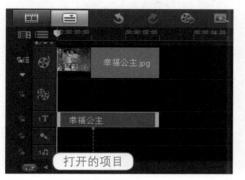

▷ 8.2.4 **更改标题字体大小**

在会声会影X4中，如果用户对标题轨中的字体大小不满意，可以对字体大小进行更改操作。

边学边练115	三月女人节	关键技法：字体大小

▶ **效果展示**

本实例的最终效果如下图所示。

	素材文件	光盘\素材\Chapter 08\三月女人节.VSP
	效果文件	光盘\效果\Chapter 08\三月女人节.VSP
	视频文件	光盘\视频\Chapter 08\115 更改标题字体大小.mp4

▶ **操作步骤**

步骤01 进入会声会影X4，打开一个项目文件，如下左图所示。

步骤 02 在标题轨中双击需要更改字体大小的标题字幕，在"编辑"选项面板中单击"字体大小"右侧的下三角按钮，在弹出的下拉列表中选择60选项，如下右图所示，即可更改标题字体大小。单击"播放修整后的素材"按钮，预览字幕效果。

 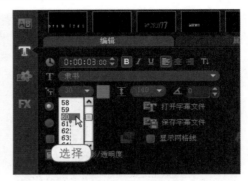

专家指点

在会声会影X4中，用户还可以通过以下两种方法调整标题字体大小。

◎ 在预览窗口中选择需要编辑的标题字幕，拖曳标题四周的控制柄，即可调整字体大小。

◎ 在"编辑"选项面板的"字体大小"文本框中，输入相应的数值，然后按【Enter】键确认即可。

8.2.5 更改标题字体颜色

在会声会影X4中，用户可根据素材与标题字幕的匹配程度更改标题字体的颜色。除了可以运用色彩选项中的颜色外，用户还可以运用Corel色彩选取器和Windows色彩选取器中的颜色。

边学边练116 三八妇女节 关键技法：黄色样式

▶ **效果展示**

本实例的最终效果如下图所示。

素材文件	光盘\素材\Chapter 08\三八妇女节.VSP
效果文件	光盘\效果\Chapter 08\三八妇女节.VSP
视频文件	光盘\视频\Chapter 08\116 更改标题字体颜色.mp4

▶ 操作步骤

步骤01 进入会声会影X4，打开一个项目文件，如下左图所示。

步骤02 在标题轨中双击需要更改字体颜色的标题字幕，在"编辑"选项面板中单击"色彩"色块，在弹出的颜色面板中选择黄色，如下右图所示，即可更改标题字体颜色。单击"播放修整后的素材"按钮，预览字幕效果。

▷ **8.3** 制作字幕动态效果

在影片中创建标题后，会声会影X4还可以为标题添加动画效果。用户可套用83种生动活泼、动感十足的标题动画。本节主要向用户介绍制作动态字幕效果的操作方法。

▷ 8.3.1 淡化效果——元旦快乐

淡入淡出字幕效果是当前影视节目中最常用的一种字幕效果。

边学边练117 元旦快乐　　　　关键技法："淡化"样式

▶ 效果展示

本实例的最终效果如下图所示。

素材文件	光盘\素材\Chapter 08\元旦快乐.VSP
效果文件	光盘\效果\Chapter 08\元旦快乐.VSP
视频文件	光盘\视频\Chapter 08\117 淡化动画.mp4

Chapter 01
Chapter 02
Chapter 03
Chapter 04
Chapter 05
Chapter 06
Chapter 07
Chapter 08
Chapter 09

步骤01 进入会声会影X4，打开一个项目文件，如下左图所示。

步骤02 在标题轨中双击需要编辑的字幕，在"属性"选项面板中选择"动画"单选按钮和"应用"复选框，设置"选取动画类型"为"淡化"，设置相应的"淡化"样式，如下右图所示。单击"播放修整后的素材"按钮，预览字幕动画效果。

　　"属性"选项面板主要用于设置标题字幕的动画效果，如"淡化"、"弹出"、"翻转"、"飞行"、"缩放"及"下降"等字幕动画效果。在该选项面板中，各主要选项的具体含义如下。

◉ 动画单选按钮：选择该单选按钮，即可设置文本的动画效果。

◉ 应用复选框：选择该复选框，即可在下方的列表框中根据需要设置文本的动画样式。

◉ 选取动画类型列表框：单击"选取动画类型"右侧的下拉按钮，在弹出的下拉列表中选择相应的选项，即可显示相应的动画类型。

◉ 自定义动画属性按钮🛠️：单击该按钮，在弹出的对话框中可自定义动画的属性。

◉ "滤光器"单选按钮：选择该单选按钮，可以在下方为文本添加相应的滤镜效果。

◉ "替换上一个滤镜"复选框：选择该复选框后，当用户再次为标题添加相应滤镜效果时，系统将自动替换上一次添加的滤镜效果。

▶ 8.3.2　弹出效果——心心相印

　　在会声会影X4中，弹出效果是指文字产生由画面上的某个分界线弹出的文字动画效果。

边学边练118　心心相印	关键技法："弹出"样式

▶ **效果展示**

本实例的最终效果如下图所示。

Chapter 01

Chapter 02

Chapter 03

Chapter 04

Chapter 05

Chapter 06

Chapter 07

Chapter 08

Chapter 09

素材文件	光盘\素材\Chapter 08\心心相印.VSP
效果文件	光盘\效果\Chapter 08\心心相印.VSP
视频文件	光盘\视频\Chapter 08\118 弹出动画.mp4

▶ 操作步骤

步骤 01 进入会声会影X4，打开一个项目文件，如下左图所示。

步骤 02 在标题轨中双击需要编辑的字幕，在"属性"选项面板中选择"动画"单选按钮和"应用"复选框，设置"选取动画类型"为"弹出"，设置相应的"弹出"样式。如下右图所示，单击"播放修整后的素材"按钮，预览字幕动画效果。

▶ 8.3.3 翻转效果——烛光晚餐

在会声会影X4中，翻转动画可以使文字产生翻转回旋的动画效果。

边学边练119	烛光晚餐	关键技法："翻转"样式

▶ 效果展示

本实例的最终效果如下图所示。

素材文件	光盘\素材\Chapter 08\烛光晚餐.VSP
效果文件	光盘\效果\Chapter 08\烛光晚餐.VSP
视频文件	光盘\视频\Chapter 08\119 翻转动画.mp4

操作步骤

步骤01 进入会声会影X4，打开一个项目文件，如下左图所示。

步骤02 在标题轨中双击需要编辑的字幕，在"属性"选项面板中选择"动画"单选按钮和"应用"复选框，设置"选取动画类型"为"翻转"，设置相应的"翻转"样式，如下右图所示。单击"播放修整后的素材"按钮，预览字幕动画效果。

专家指点

单击"属性"选项面板上的"自定义动画属性"按钮，在弹出的对话框中，各选项含义如下。

◎ 进入\离开：显示标题动画从起始到终止的位置。

◎ 暂停：在动画起始和终止之间应用暂停。

8.3.4 飞行效果——端午粽香

在会声会影X4中，飞行动画可以使字符或者单词沿着一定的路径飞行。

边学边练120 端午粽香　　　　　关键技法："飞行"样式

效果展示

本实例的最终效果如下图所示。

素材文件	光盘\素材\Chapter 08\端午粽香.VSP
效果文件	光盘\效果\Chapter 08\端午粽香.VSP
视频文件	光盘\视频\Chapter 08\120 飞行动画.mp4

▶ 操作步骤

步骤01 进入会声会影X4，打开一个项目文件，如下左图所示。

步骤02 在标题轨中双击需要编辑的字幕，在"属性"选项面板中选择"动画"单选按钮和"应用"复选框，设置"选取动画类型"为"飞行"，设置相应的"飞行"样式，如下右图所示。单击"播放修整后的素材"按钮，预览字幕动画效果。

专家指点

　　在标题轨中双击需要编辑的标题字幕，在"属性"选项面板中单击"自定义动画属性"按钮，在弹出的对话框中，用户可根据需要编辑标题字幕。

▶ 8.3.5　缩放效果——彩色人生

在会声会影X4中，缩放动画可以使文字在运动的过程中进行放大或缩小的变化。

边学边练121 **彩色人生**　　　　　　　关键技法："缩放"样式

▶ 效果展示

本实例的最终效果如下图所示。

素材文件	光盘\素材\Chapter 08\彩色人生.VSP
效果文件	光盘\效果\Chapter 08\彩色人生.VSP
视频文件	光盘\视频\Chapter 08\121 缩放动画.mp4

步骤01 进入会声会影X4，打开一个项目文件，如下左图所示。

步骤02 在标题轨中双击需要编辑的字幕，在"属性"选项面板中选择"动画"单选按钮和"应用"复选框，设置"选取动画类型"为"缩放"，设置相应的"缩放"样式，如下右图所示。单击"播放修整后的素材"按钮，预览字幕动画效果。

🔷 **专家指点**

在标题轨中选择设置了"缩放"样式的标题字幕，单击鼠标右键，在弹出的快捷菜单中单击"复制"命令，然后将鼠标指针移至标题轨中的另一位置，单击鼠标左键，即可粘贴标题字幕的"缩放"样式。

在"属性"选项面板上单击"自定义动画属性"按钮 **T**，弹出"缩放动画"对话框，在其中用户可以设置各项参数。在"缩放动画"对话框中，各选项含义如下。

◉ 显示标题：选择该复选框，可以在动画终止时显示标题。

◉ 单位：设置标题在场景中出现的方式。

◉ 缩放起始：可设置动画起始时的缩放率。

◉ 缩放终止：可设置动画终止时的缩放率。

▶ 8.3.6 下降效果——国色天香

在会声会影X4中，下降动画可以使文字在运动过程中由大到小逐渐变化。

| 边学边练122 国色天香 | 关键技法："下降"样式 |

■▶ 效果展示

本实例的最终效果如下图所示。

素材文件	光盘\素材\Chapter 08\国色天香.VSP
效果文件	光盘\效果\Chapter 08\国色天香.VSP
视频文件	光盘\视频\Chapter 08\122 下降动画.mp4

▶ 操作步骤

步骤 01 进入会声会影X4，打开一个项目文件，如下左图所示。

步骤 02 在标题轨中双击需要编辑的字幕，在"属性"选项面板中选择"动画"单选按钮和"应用"复选框，设置"选取动画类型"为"下降"，设置相应的"下降"样式，如下右图所示。单击"播放修整后的素材"按钮，预览字幕动画效果。

在"编辑"选项面板上单击"自定义动画属性"按钮 **T**，弹出"下降动画"对话框，在其中用户可以设置各项参数，如右图所示。

在"下降动画"对话框中，各选项含义如下。

- 加速：选择该复选框，在当前单位离开之前启动下一个单位。
- 单位：设置标题在场景中出现的方式。

专家指点

在"下降"列表框中，向用户提供了4种"下降"动画样式，用户可根据需要进行相应的选择，然后在"下降动画"对话框中设置动画的相应属性。

▶ 8.3.7 移动路径效果——粉色之爱

在会声会影X4中，移动路径动画可以使文字沿指定路径运动。

边学边练123 粉色之爱 ┃ 关键技法："移动路径"样式

▶ 效果展示

本实例的最终效果如下图所示。

	素材文件	光盘\素材\Chapter 08\粉色之爱.VSP
	效果文件	光盘\效果\Chapter 08\粉色之爱.VSP
	视频文件	光盘\视频\Chapter 08\123 移动路径动画.mp4

▶ 操作步骤

步骤 01 进入会声会影X4，打开一个项目文件，如下左图所示。

步骤 02 在标题轨中双击需要编辑的字幕，在"属性"选项面板中选择"动画"单选按钮和"应用"复选框，设置"选取动画类型"为"移动路径"，设置相应的"移动路径"样式，如下右图所示。单击"播放修整后的素材"按钮，预览字幕动画效果。

本章小结

在各类设计中，标题字幕是不可缺少的设计元素，它可以直接传达设计者的意图，好的标题字幕设计效果会起到画龙点睛的作用，因此，对标题字幕的设计与编排是不容忽视的。制作标题字幕并不复杂，但是要制作出好的标题字幕还需要用户多加练习，这样对熟练掌握标题字幕也有很大帮助。

本章通过大量的实例，全面、详尽地讲解了会声会影X4标题字幕的创建、编辑及动画设置的操作与技巧，以便用户更深入地掌握标题字幕功能。

09 制作巧妙的覆叠效果

运用会声会影X4中的覆叠功能，可以使用户在编辑视频的过程中有更多的表现。在覆叠轨中可以添加图像或视频等素材，覆叠功能可以使视频轨上的视频与图像相互交织，组合成各式各样的视觉效果。本章主要介绍覆叠效果的各种制作方法，希望用户学完以后可以制作出更多精彩的覆叠特效。

▶ 知识要点

1. 覆叠属性设置
2. 添加覆叠素材
3. 删除覆叠素材
4. 设置覆叠对象的透明度
5. 设置覆叠对象的边框
6. 为覆叠素材设置动画
7. 设置对象的对齐方式
8. 制作椭圆遮罩效果
9. 制作螺旋遮罩效果
10. 制作渐变遮罩效果
11. 制作画笔涂抹遮罩效果
12. 制作花瓣遮罩效果
13. 制作遮罩效果
14. 制作精美边框效果
15. 制作透明叠加效果
16. 制作淡化叠加效果
17. 制作场景对象效果
18. 制作覆叠滤镜效果

▶ 本章重点

1. 添加覆叠素材
2. 设置覆叠对象的透明度
3. 设置覆叠对象的边框
4. 为覆叠素材设置动画
5. 制作椭圆遮罩效果
6. 制作螺旋遮罩效果
7. 制作精美边框效果
8. 制作淡化叠加效果

▶ 效果欣赏

9.1 覆叠效果的基本操作

覆叠功能是会声会影X4提供的一种视频编辑方法，它可以将视频添加到"时间轴视图"面板的覆叠轨之中，可以对视频素材进行淡入淡出、进入退出等设置，从而产生视频叠加的效果。本节主要向用户介绍覆叠效果的基本操作方法。

9.1.1 覆叠属性设置

当用户在覆叠轨中添加相应的覆叠素材后，需要在"编辑"选项面板中进行相应的编辑，该面板主要用于编辑覆叠素材，如控制覆叠素材的声音、播放时间的长短等，如右图所示。

在"编辑"选项面板中，各主要选项的含义如下。

● "视频区间"数值框 0:00:03:00↕：该数值框主要用于调整覆叠素材播放时间的长度，显示了播放当前所选覆叠素材所需的时间，时间码上的数字代表"小时:分钟:秒:帧"。单击其右侧的微调按钮，可以调整数值的大小，也可以通过单击时间码上的数字调整数值大小。

● "素材音量"文本框 100↕：该文本框用于控制素材声音的大小，可以在后面的文本框中直接输入数值，也可以单击文本框后的下三角按钮，在弹出的音量调节器中，通过拖曳滑块来调整素材的音量。

● "静音"按钮：单击该按钮，可以消除素材的声音，使其呈静音状态，但并不删除素材的音频。

● "淡入"按钮：单击该按钮，可将淡入效果添加到当前素材中。

● "淡出"按钮：单击该按钮，可以将淡出效果添加到当前素材中。

● "旋转视频"按钮：单击该按钮，可以将视频素材逆时针旋转90°；单击 按钮，可以将视频素材顺时针旋转90°。

● "色彩校正"按钮：单击该按钮，在打开的选项面板中拖曳滑块，即可对视频的色调、饱和度、亮度、对比度等进行设置。

● "速度/时间流逝"按钮：单击该按钮，在弹出的"速度/时间流逝"对话框中，用户可根据需要调整视频的区间，如下左图所示。

● "反转视频"复选框：选择该复选框，可以将当前视频进行反转。

● "分割音频"按钮：单击该按钮，可以将视频文件中的音频分割出来，并将画面切换至"音频"步骤面板，如下右图所示。

Chapter
01

Chapter
02

Chapter
03

Chapter
04

Chapter
05

Chapter
06

Chapter
07

Chapter
08

Chapter
09

▷ 9.1.2　添加覆叠素材

在会声会影X4中，用户可以根据需要在视频轨中添加相应的覆叠素材，从而制作出更具观赏性的视频作品。

边学边练124	父亲节快乐	关键技法："插入照片"命令

▶ 效果展示

本实例的最终效果如下图所示。

素材文件	光盘\素材\Chapter 09\父亲.jpg、父亲.png
效果文件	光盘\效果\Chapter 09\父亲节快乐.VSP
视频文件	光盘\视频\Chapter 09\124 添加覆叠素材.mp4

▶ 操作步骤

步骤01　进入会声会影X4，在视频轨中插入一幅图像素材，如下左图所示。

步骤02　在覆叠轨中的适当位置单击鼠标右键，在弹出的快捷菜单中单击"插入照片"命令，弹出"浏览照片"对话框，在其中选择相应的照片素材，单击"打开"按钮，即可在覆叠轨中添加相应的覆叠素材，如下右图所示。在预览窗口中，可预览覆叠效果。

▷ 9.1.3　删除覆叠素材

在编辑视频的过程中，如果用户不再需要某个覆叠素材，可将其进行删除。删除覆叠素材的操作步骤很简单，下面向用户进行简单介绍。

边学边练125　婚纱照片

关键技法："删除"命令

▶ 效果展示

本实例的最终效果如下图所示。

素材文件	光盘\素材\Chapter 09\婚纱照片.VSP
效果文件	光盘\效果\Chapter 09\婚纱照片.VSP
视频文件	光盘\视频\Chapter 09\125 删除覆叠素材.mp4

▶ 操作步骤

步骤01 进入会声会影X4，打开一个项目文件，如下左图所示。

步骤02 选择覆叠素材，单击鼠标右键，在弹出的快捷菜单中单击"删除"命令，如下右图所示，即可删除覆叠素材。在预览窗口中，可预览删除后的视频效果。

在弹出的快捷菜单中，各选项含义如下。

◉ 打开选项面板：打开对应的素材编辑选项面板。

◉ 复制：可以对覆叠素材进行复制操作。

◉ 删除：可以对覆叠素材进行删除操作。

◉ 替换素材：可以替换相应的图像素材或视频素材。

◉ 复制属性：可以复制覆叠素材的动画属性。

◉ 粘贴属性：可以对复制的覆叠素材的属性进行粘贴操作。

◉ 分割素材：可以对"覆叠轨"中的素材进行分割操作。

◉ 更改照片区间：可以更改照片素材的区间长度。

◉ 自动摇动和缩放：可以为图像素材添加摇动和缩放动画效果。

◉ 打开文件夹：可以打开相应的覆叠素材文件夹。

Chapter **01**

Chapter **02**

Chapter **03**

Chapter **04**

Chapter **05**

Chapter **06**

Chapter **07**

Chapter **08**

Chapter **09**

> **专家指点**
>
> 在会声会影X4中，用户还可以按【Delete】键删除覆叠素材。
>
> 覆叠功能将视频素材添加到"时间轴视图"面板的"覆叠轨"中后，可对视频素材的大小、位置及透明度等属性进行调整，从而产生视频叠加效果。同时，会声会影X4还允许用户对"覆叠轨"中的视频素材应用滤镜特效，从而制作出更具观赏性的视频作品。

▶ 9.1.4 设置覆叠对象的透明度

在会声会影X4中，用户还可以根据需要设置覆叠素材的透明度，可以将素材以半透明的形式进行重叠，从而显示出若隐若现的效果。

边学边练126 公主王子	关键技法："透明度"文本框

▶ 效果展示

本实例的最终效果如下图所示。

素材文件	光盘\素材\Chapter 09\公主王子.VSP
效果文件	光盘\效果\Chapter 09\公主王子.VSP
视频文件	光盘\视频\Chapter 09\126 设置覆叠对象的透明度.mp4

▶ 操作步骤

步骤01 进入会声会影X4，打开一个项目文件，如下左图所示。

步骤02 选择覆叠素材，在"属性"选项面板中单击"遮罩和色度键"按钮，进入相应选项面板，在"透明度"文本框中输入"50"，如下右图所示，设置覆叠素材透明度。在预览窗口中，可预览设置透明度后的覆叠特效。

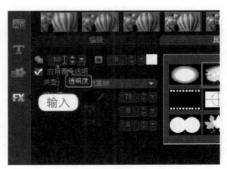

在选项面板中，单击"透明度"右侧的微调按钮，可以快速调整透明度的数值；单击右侧的下三角按钮，可以通过拖动滑块快速调整透明度的数值。

9.1.5 设置覆叠对象的边框

在会声会影X4中，边框是影片装饰的另一种简单而实用的方式，它能够让枯燥的画面变得生动。

边学边练127 相册 　　　　关键技法："边框"文本框

▶ **效果展示**

本实例的最终效果如下图所示。

素材文件	光盘\素材\Chapter 09\相册.VSP
效果文件	光盘\效果\Chapter 09\相册.VSP
视频文件	光盘\视频\Chapter 09\127 设置覆叠对象边框.mp4

▶ **操作步骤**

步骤01 进入会声会影X4，打开一个项目文件，如下左图所示。

步骤02 选择覆叠素材，在"属性"选项面板中单击"遮罩和色度键"按钮，进入相应选项面板，在"边框"文本框中输入"3"，设置"边框色彩"为黄色，如下右图所示，设置覆叠素材边框属性。在预览窗口中，可预览设置边框后的覆叠特效。

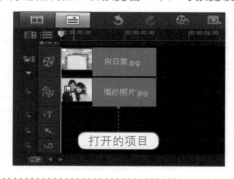

9.1.6 为覆叠素材设置动画

在会声会影X4中，为插入的覆叠素材图像设置动画效果，可以使覆叠素材的效果更具吸引力与欣赏力。

边学边练128 婚纱创意	关键技法："从上方进入"按钮

▶ 效果展示

本实例的最终效果如下图所示。

素材文件	光盘\素材\Chapter 09\婚纱创意.VSP
效果文件	光盘\效果\Chapter 09\婚纱创意.VSP
视频文件	光盘\视频\Chapter 09\128 为覆叠素材设置动画.mp4

▶ 操作步骤

步骤01 进入会声会影X4，打开一个项目文件，如下左图所示。

步骤02 选择覆叠素材，在"属性"选项面板的"进入"选项区中，单击"从上方进入"按钮■，如下右图所示，设置覆叠素材运动方向。在预览窗口中，可预览设置动画后的覆叠特效。

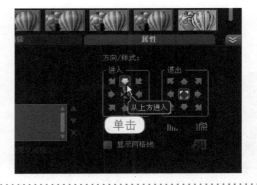

专家指点

在"属性"选项面板中，若单击下方的"淡入动画效果"按钮▥和"淡出动画效果"按钮▥，可设置覆叠素材的淡入淡出动画特效。

9.1.7 设置对象的对齐方式

在会声会影X4中，系统向用户提供了多种覆叠素材的对齐方式，用户可根据需要进行相应的选择。

边学边练129 美人画 　　　　　　关键技法："居中"命令

▶ 效果展示

本实例的最终效果如下图所示。

素材文件	光盘\素材\Chapter 09\美人画.VSP
效果文件	光盘\效果\Chapter 09\美人画.VSP
视频文件	光盘\视频\Chapter 09\129 设置对象的对齐方式.mp4

▶ 操作步骤

步骤01 进入会声会影X4，打开一个项目文件，如下图所示。

步骤02 在预览窗口中选择覆叠素材，单击鼠标右键，在弹出的快捷菜单中单击"停靠在中央"|"居中"命令，如下图所示，居中对齐图像。在预览窗口中，可预览对齐后的覆叠特效。

9.2 制作覆叠遮罩效果

在会声会影X4中，用户还可以根据需要在覆叠轨中设置影片的遮罩效果，使制作的视频作品更美观。本节主要向用户介绍制作覆叠遮罩效果的操作方法。

9.2.1 椭圆遮罩效果

在会声会影X4中，椭圆遮罩效果是指覆叠轨中的素材以椭圆的形状遮罩在视频轨中素材的上方。

边学边练130　幸福一家　　　关键技法：椭圆遮罩样式

▶ 效果展示

本实例的最终效果如下图所示。

素材文件	光盘\素材\Chapter 09\幸福一家.VSP
效果文件	光盘\效果\Chapter 09\幸福一家.VSP
视频文件	光盘\视频\Chapter 09\130 椭圆遮罩效果.mp4

▶ 操作步骤

步骤01 进入会声会影X4，打开一个项目文件，如下左图所示。

步骤02 选择覆叠素材，在"属性"选项面板中单击"遮罩和色度键"按钮，进入相应选项面板，选择"应用覆叠选项"复选框，设置"类型"为"遮罩帧"，并在右侧选择椭圆遮罩样式，如下右图所示，设置椭圆遮罩。在预览窗口中，可预览覆叠素材的椭圆遮罩效果。

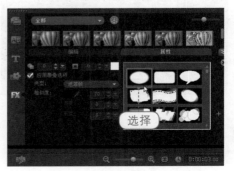

9.2.2 螺旋遮罩效果

在会声会影X4中，螺旋遮罩效果是指覆叠轨中的素材以螺旋的形状遮罩在视频轨中素材的上方。

边学边练131 **回忆**　　　　　　　　　　　关键技法：螺旋遮罩样式

 效果展示

本实例的最终效果如下图所示。

素材文件	光盘\素材\Chapter 09\回忆.VSP
效果文件	光盘\效果\Chapter 09\回忆.VSP
视频文件	光盘\视频\Chapter 09\131 螺旋遮罩效果.mp4

操作步骤

步骤01 进入会声会影X4，打开一个项目文件，如下左图所示。

步骤02 选择覆叠素材，在"属性"选项面板中单击"遮罩和色度键"按钮，进入相应选项面板，选择"应用覆叠选项"复选框，设置"类型"为"遮罩帧"，并在右侧选择螺旋遮罩样式，如下右图所示，设置螺旋遮罩。在预览窗口中，可预览覆叠素材的螺旋遮罩效果。

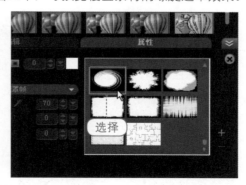

 专家指点

在遮罩样式列表框的右侧有"添加遮罩顶"按钮，用于添加外部遮罩样式。

Chapter
01
Chapter
02
Chapter
03
Chapter
04
Chapter
05
Chapter
06
Chapter
07
Chapter
08
Chapter
09

9.2.3 渐变遮罩效果

在会声会影X4中，渐变遮罩效果是指覆叠轨中的素材以渐变的方式遮罩在视频轨中素材的上方。

| 边学边练132 小朋友 | 关键技法：渐变遮罩样式 |

效果展示

本实例的最终效果如下图所示。

素材文件	光盘\素材\Chapter 09\小朋友.VSP
效果文件	光盘\效果\Chapter 09\小朋友.VSP
视频文件	光盘\视频\Chapter 09\132 渐变遮罩效果.mp4

操作步骤

步骤01 进入会声会影X4，打开一个项目文件，如下左图所示。

步骤02 选择覆叠素材，在"属性"选项面板中单击"遮罩和色度键"按钮，进入相应选项面板，选择"应用覆叠选项"复选框，设置"类型"为"遮罩帧"，并在右侧选择渐变遮罩样式，如下右图所示，设置渐变遮罩。在预览窗口中，可预览覆叠素材的渐变遮罩效果。

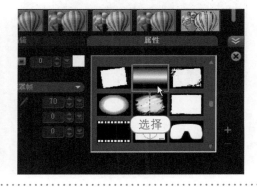

9.2.4 画笔涂抹遮罩效果

在会声会影X4中，画笔涂抹遮罩效果是指覆叠轨中的素材以画笔涂抹的方式覆叠在视频轨中素材的上方。

▶ 效果展示

本实例的最终效果如下图所示。

	素材文件	光盘\素材\Chapter 09\山水画.VSP
	效果文件	光盘\效果\Chapter 09\山水画.VSP
	视频文件	光盘\视频\Chapter 09\133 画笔涂抹遮罩效果.mp4

▶ 操作步骤

步骤 01 进入会声会影X4，打开一个项目文件，如下左图所示。

步骤 02 选择覆叠素材，在"属性"选项面板中单击"遮罩和色度键"按钮，进入相应选项面板，选择"应用覆叠选项"复选框，设置"类型"为"遮罩帧"，并在右侧选择画笔涂抹遮罩样式，如下右图所示，设置画笔涂抹遮罩。在预览窗口中，可预览覆叠素材的画笔涂抹遮罩效果。

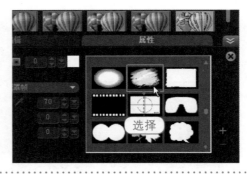

专家指点

在遮罩样式列表框中，会声会影X4为用户提供了多种遮罩样式，如圆角矩形、方形、枫叶、相机镜头及多边形等遮罩样式，用户可根据需要进行相应的选择。

▶ 9.2.5　花瓣遮罩效果

在会声会影X4中，花瓣遮罩效果是指覆叠轨中的素材以花瓣的形状遮罩在视频轨中素材的上方。

Chapter
01

Chapter
02

Chapter
03

Chapter
04

Chapter
05

Chapter
06

Chapter
07

Chapter
08

Chapter
09

边学边练134　花香爱恋　　　　　　　　　关键技法：花瓣遮罩样式

▶ **效果展示**

本实例的最终效果如下图所示。

素材文件	光盘\素材\Chapter 09\花香爱恋.VSP
效果文件	光盘\效果\Chapter 09\花香爱恋.VSP
视频文件	光盘\视频\Chapter 09\134 花瓣遮罩效果.mp4

▶ **操作步骤**

步骤01　进入会声会影X4，打开一个项目文件，如下左图所示。

步骤02　选择覆叠素材，在"属性"选项面板中单击"遮罩和色度键"按钮，进入相应选项面板，选择"应用覆叠选项"复选框，设置"类型"为"遮罩帧"，并在右侧选择花瓣遮罩样式，如下右图所示，设置花瓣遮罩。在预览窗口中，可预览覆叠素材的花瓣遮罩效果。

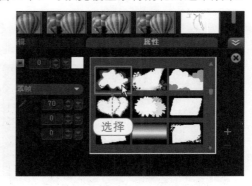

▶ 9.3　制作覆叠精彩特效

　　覆叠有多种编辑方式，常用的透空叠加方式就有很多种，如样式透空叠加、相框叠加、透明叠加、滤镜叠加及Flash动画叠加等。本节主要向用户介绍制作叠加特效的各种操作方法。

▶ 9.3.1　遮罩效果

在会声会影X4中，遮罩可以使视频轨和覆叠轨上的视频素材局部透空叠加。下面介绍制作遮罩效果的操作步骤。

边学边练135　水滴四射　　　　　　关键技法：**遮罩样式**

▶ 效果展示

本实例的最终效果如下图所示。

素材文件	光盘\素材\Chapter 09\水滴四射.VSP
效果文件	光盘\效果\Chapter 09\水滴四射.VSP
视频文件	光盘\视频\Chapter 09\135 遮罩效果.mp4

▶ 操作步骤

步骤01　进入会声会影X4，打开一个项目文件，如图下左所示。

步骤02　选择覆叠素材，在相应选项面板中设置遮罩样式为心形，如下右图所示，设置心形遮罩效果。在预览窗口中，可预览覆叠素材的心形遮罩效果。

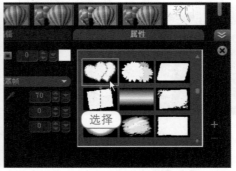

▶ 9.3.2　精美边框效果

在会声会影X4中，为素材添加边框是一种简单而实用的装饰方式，它可以使枯燥、单调的照片变得生动而有趣。

Chapter
01

Chapter
02

Chapter
03

Chapter
04

Chapter
05

Chapter
06

Chapter
07

Chapter
08

Chapter
09

边学边练136 **造型诱惑**　｜关键技法：选择边框样式

▶ 效果展示

本实例的最终效果如下图所示。

素材文件	光盘\素材\Chapter 09\造型诱惑.jpg
效果文件	光盘\效果\Chapter 09\造型诱惑.VSP
视频文件	光盘\视频\Chapter 09\136 精美边框效果.mp4

▶ 操作步骤

步骤01 进入会声会影X4，插入一幅图像素材，如下左图所示。

步骤02 单击"图形"按钮，切换至"图形"素材库，单击上方的"画廊"按钮，在弹出的下拉列表中选择"边框"选项，进入"边框"素材库，在其中选择相应的边框样式，如下右图所示，单击鼠标左键并拖曳至覆叠轨中的开始位置，在预览窗口中设置覆叠素材的大小和位置，即可完成边框覆叠效果的制作。

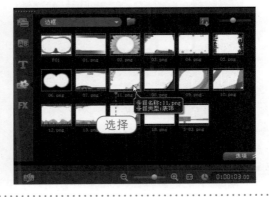

▶ 9.3.3　透明叠加效果

在会声会影X4中，用户可根据需要为覆叠素材设置透明度，从而使画面更具神秘感，以提高画面的观赏性。

效果展示

本实例的最终效果如下图所示。

素材文件	光盘\素材\Chapter 09\清明时节.VSP
效果文件	光盘\效果\Chapter 09\清明时节.VSP
视频文件	光盘\视频\Chapter 09\137 透明叠加效果.mp4

操作步骤

步骤01 进入会声会影X4，打开一个项目文件，如下左图所示。

步骤02 选择覆叠素材，在"属性"选项面板中单击"遮罩和色度键"按钮，进入相应选项面板，在其中设置"透明度"为70，如下右图所示，设置覆叠素材的透明度。在预览窗口中，即可预览覆叠素材的效果。

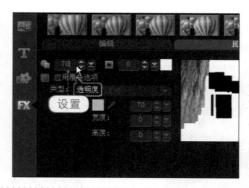

专家指点

在遮罩样式选项面板中，用户不仅可以设置覆叠素材的透明度，还可以根据需要设置覆叠素材的边框效果，只需输入相应的数值即可。设置完成后，可以在预览窗口中预览效果。

9.3.4 淡化叠加效果

在会声会影X4中，对覆叠轨中的图像素材应用淡入和淡出动画效果，可以使素材显示若隐若现的效果。

Chapter
01

Chapter
02

Chapter
03

Chapter
04

Chapter
05

Chapter
06

Chapter
07

Chapter
08

Chapter
09

边学边练138 古韵之恋

关键技法："淡入"按钮、"淡出"按钮

▶ **效果展示**

本实例的最终效果如下图所示。

素材文件	光盘\素材\Chapter 09\古韵之恋.VSP
效果文件	光盘\效果\Chapter 09\古韵之恋.VSP
视频文件	光盘\视频\Chapter 09\138 淡化叠加效果.mp4

▶ **操作步骤**

步骤01 进入会声会影X4，打开一个项目文件，如下左图所示。

步骤02 选择覆叠素材，在"属性"选项面板中单击"淡入动画效果"按钮和"淡出动画效果"按钮，如下右图所示，设置覆叠素材的淡入淡出动画。单击"播放修整后的素材"按钮，即可预览覆叠素材的淡入淡出动画效果。

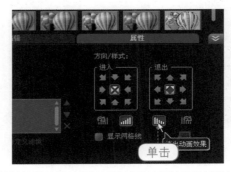

▷ 9.3.5 场景对象效果

在会声会影X4中，如果想使画面变得丰富多彩，可在画面中添加符合视频的对象素材。

边学边练139 蓝色壁纸

关键技法：选择对象素材

▶ **效果展示**

本实例的最终效果如下图所示。

素材文件	光盘\素材\Chapter 09\蓝色墙壁.jpg
效果文件	光盘\效果\Chapter 09\蓝色墙壁.VSP
视频文件	光盘\视频\Chapter 09\139 场景对象效果.mp4

▶ 操作步骤

步骤01 进入会声会影X4，插入一幅图像素材，如下左图所示。

步骤02 单击"图形"按钮，切换至"图形"素材库，单击上方的"画廊"按钮，在弹出的下拉列表中选择"对象"选项，打开"对象"素材库，在其中选择需要添加的对象素材，如下右图所示，单击鼠标左键并拖曳至覆叠轨中的开始位置。单击"播放修整后的素材"按钮，即可预览覆叠对象效果。

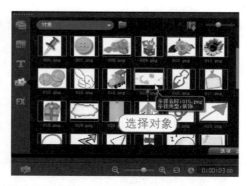

▶ 9.3.6 覆叠滤镜效果

在会声会影X4中，用户不仅可以为视频轨中的图像素材添加滤镜效果，还可以为覆叠轨中的图像素材应用多种滤镜特效，使覆叠效果更加丰富多彩。

边学边练140 **枫叶红了** 　　关键技法："闪电"滤镜

▶ 效果展示

本实例的最终效果如下图所示。

素材文件	光盘\素材\Chapter 09\枫叶红了.jpg
效果文件	光盘\效果\Chapter 09\枫叶红了.VSP
视频文件	光盘\视频\Chapter 09\140 覆叠滤镜效果.mp4

▶ **操作步骤**

步骤01 进入会声会影X4，在覆叠轨中插入一幅图像素材，如下左图所示。

步骤02 调整覆叠素材全屏显示，单击"滤镜"按钮，切换至"滤镜"素材库，在其中选择"闪电"滤镜，如下右图所示。在该滤镜上单击鼠标左键并拖曳至覆叠轨中的图像素材上方，即可添加"闪电"滤镜效果。单击"播放修整后的素材"按钮，即可预览覆叠滤镜效果。

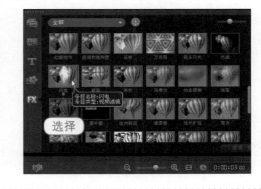

本章小结

　　覆叠就是画面的叠加，就是在屏幕上同时显示多个画面效果，通过会声会影X4中的覆叠功能，可以很轻松地制作出静态以及动态的画中画效果，从而使视频作品更具观赏性。本章以实例的形式全面介绍了会声会影X4中的覆叠功能，这对于用户在实际视频编辑工作中制作丰富的视频叠加效果起到了很大的作用。

　　通过对本章的学习，在进行视频编辑时，用户可以大胆地使用会声会影X4提供的各种模式，使制作的影片更加多样和生动。

Chapter 01
Chapter 02
Chapter 03
Chapter 04
Chapter 05
Chapter 06
Chapter 07
Chapter 08
Chapter 09

添加与编辑音频素材

　　影视作品是一门声画艺术，音频在影片中是不可或缺的元素。音频也是一部影片的灵魂，在后期制作中，音频的处理相当重要，如果声音运用恰到好处，往往给观众带来耳目一新的感觉。本章主要向用户介绍添加与编辑音频素材的各种操作方法，包括添加背景音乐、编辑音乐素材及使用混音器等内容。

▶ 知识要点

1 添加音频素材库中的声音
2 添加移动优盘中的音频
3 添加硬盘中的音频
4 调整整体音量
5 修整音频区间
6 修整音频回放速度
7 重命名音频素材
8 删除音频素材
9 选择音频轨道

10 设置轨道静音
11 实时调整音量
12 恢复默认音量
13 调整右声道音量
14 调整左声道音量
15 "删除噪音"音频滤镜
16 "长回音"音频滤镜
17 "混响"音频滤镜
18 "放大"音频滤镜

▶ 本章重点

1 添加移动优盘中的音频
2 添加硬盘中的音频
3 修整音频区间
4 修整音频回放速度

5 实时调节音量
6 调整右声道音量
7 "长回音"音频滤镜
8 "放大"音频滤镜

▶ 效果欣赏

10.1 添加背景音乐

如果一部影片缺少了声音，那么再优美的画面也将黯然失色，而优美动听的背景音乐和款款深情的配音不仅可以起到锦上添花的作用，还可以使影片更具感染力，使影片更上一个台阶。本节主要向用户介绍添加背景音乐的操作方法。

10.1.1 添加音频素材库中的声音

添加素材库中现有的音频是最基本的操作，可以将其他音频文件添加到素材库中，以便以后能够快速调用。

边学边练141 长寿是福 ｜ 关键技法：拖曳至声音轨中

▶ 效果展示

本实例的最终效果如下图所示。

素材文件	光盘\素材\Chapter 10\长寿是福.mpg、M01.mpa
效果文件	光盘\效果\Chapter 10\音乐.VSP
视频文件	光盘\视频\Chapter 10\141 添加音频素材库中的声音.mp4

▶ 操作步骤

步骤01 进入会声会影X4，打开一段视频素材，如下左图所示。

步骤02 在"媒体"素材库中，选择需要添加的音频文件，如下右图所示，单击鼠标左键并拖曳至声音轨的适当位置，即可添加音频。单击"播放修整后的素材"按钮，即可试听音频效果。

在会声会影X4中，用户可以将移动优盘中的音频文件直接添加至当前影片中，而不需要添加至素材库中。

边学边练142 动画　　　关键技法："到声音轨"命令

▶ 效果展示

本实例的最终效果如下图所示。

素材文件	光盘\素材\Chapter 10\动画.mpg、音频.mpa	
效果文件	光盘\效果\Chapter 10\动画.VSP	
视频文件	光盘\视频\Chapter 10\142 添加移动优盘中的音频.mp4	

▶ 操作步骤

步骤01 进入会声会影X4，打开一段视频素材，如下左图所示。

步骤02 在"时间轴视图"面板的空白位置上单击鼠标右键，在弹出的快捷菜单中单击"插入音频"|"到声音轨"命令，弹出"打开音频文件"对话框，在其中选择需要插入的音频文件，如下右图所示，单击"打开"按钮，即可将音频文件插入至声音轨中。单击"播放修整后的素材"按钮，试听音频效果。

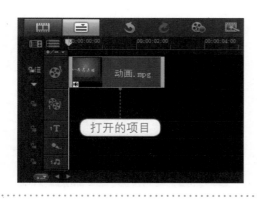

10.1.3 添加硬盘中的音频

在会声会影X4中，用户可根据需要添加硬盘中的音频文件。在用户的计算机中，一般都存储了大量的音频文件，用户可根据需要进行添加操作。

边学边练143 **片头**　　　　　　　　关键技法："到声音轨"命令

▶ 效果展示

本实例的最终效果如下图所示。

素材文件	光盘\素材\Chapter 10\片头.mpg、音乐.mp3
效果文件	光盘\效果\Chapter 10\片头.VSP
视频文件	光盘\视频\Chapter 10\143 添加硬盘中的音频.mp4

▶ 操作步骤

步骤01 进入会声会影X4，打开一段视频素材，如下左图所示。

步骤02 单击"文件"|"将媒体文件插入到时间轴"|"插入音频"|"到声音轨"命令，弹出"打开音频文件"对话框，选择需要插入的音频文件，如下右图所示，单击"打开"按钮，即可将音频文件插入至声音轨中。单击"播放修整后的素材"按钮，试听音频效果。

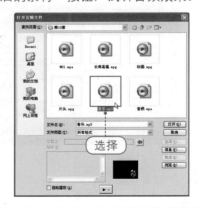

▶ **10.2** 编辑音乐素材

在会声会影X4中，将声音或背景音乐添加到声音轨或音乐轨后，可以根据影片的需要修整音频素材。本节主要介绍修整音频素材的操作方法。

10.2.1　调整整体音量

调整整体素材音量时，需要先选择时间轴中的声音轨，然后在选项面板中对相应的音量控制选项进行调整。

| 边学边练144　**红地毯** | 关键技法：拖曳滑块位置 |

▶ 效果展示

本实例的最终效果如下图所示。

素材文件	光盘\素材\Chapter 10\红地毯.VSP
效果文件	光盘\效果\Chapter 10\红地毯.VSP
视频文件	光盘\视频\Chapter 10\144 调整整体音量.mp4

▶ 操作步骤

步骤01　进入会声会影X4，打开一个项目文件，如下左图所示。

步骤02　选择声音轨中的音频文件，在"音乐和声音"选项面板中，单击"素材音量"右侧的下三角按钮，在弹出的滑动条中拖曳滑块至293的位置，如下右图所示，即可调整素材音量。单击"播放修整后的素材"按钮，即可试听音频效果。

专家指点

在"音乐和声音"选项面板中，用户还可以通过在"素材音量"右侧的文本框中输入相应数值高速素材音量。

10.2.2　修整音频区间

通过区间进行修整可以精确控制声音或音乐的播放时间，若对整个影片的播放时间有严格限制，可以使用区间修整的方式来调整。

边学边练145　**蝴蝶飞舞**　　　　　　关键技法："区间"数值框

效果展示

本实例的最终效果如下图所示。

素材文件	光盘\素材\Chapter 10\蝴蝶飞舞.VSP
效果文件	光盘\效果\Chapter 10\蝴蝶飞舞.VSP
视频文件	光盘\视频\Chapter 10\145 修整音频区间.mp4

操作步骤

步骤01　进入会声会影X4，打开一个项目文件，如下左图所示。

步骤02　选择音频素材，在"音乐和声音"选项面板中设置"区间"为0:00:04:00，如下右图所示，即可调整素材区间。单击"播放修整后的素材"按钮，即可试听音频效果。

专家指点

除了上述方法调整区间外，用户还可通过拖曳素材右侧的黄色控制柄来调整音频素材的区间长度。

10.2.3　**修整音频回放速度**

在会声会影X4中进行视频编辑时，用户可以随意改变音频的回放速度，使其与影片能够更好地融合。

关键技法：“速度/时间流逝”命令

效果展示

本实例的最终效果如下图所示。

素材文件	光盘\素材\Chapter 10\花开.VSP
效果文件	光盘\效果\Chapter 10\花开.VSP
视频文件	光盘\视频\Chapter 10\146 修整音频回放速度.mp4

操作步骤

步骤01 进入会声会影X4，打开一个项目文件，如下左图所示。

步骤02 选择音频素材，单击鼠标右键，在弹出的快捷菜单中单击“速度/时间流逝”命令，弹出“速度/时间流逝”对话框，在其中设置各参数值，如下右图所示，即可调整素材的回放速度。单击“播放修整后的素材”按钮，即可试听音频效果。

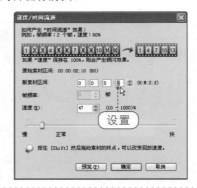

10.3　音频素材库

通过对前面知识点的学习，用户已经基本掌握了音频素材的添加与修整的方法。本节主要向用户介绍管理音频素材的方法，主要包括重命名音频素材和删除音频素材的方法。

10.3.1　重命名音频素材

在会声会影X4中，为了便于音频素材的管理，用户可以将素材库中的音频文件进行重命名操作。

边学边练147　重命名素材　　　　　　　关键技法：**单击名称进行修改**

视频文件　光盘\视频\Chapter 10\147 重命名音频素材.mp4

操作步骤

步骤01　在"媒体"素材库中，选择需要编辑的音频素材，如下图所示。

步骤02　在音频素材的名称处单击鼠标左键，此时名称呈可编辑状态，输入文字"音乐"，按【Enter】键确认，即可进行修改，如下图所示。

10.3.2　删除音频素材

在会声会影X4的音乐轨或声音轨中，用户可将不常用的音频素材文件进行删除操作。

边学边练148　删除音频素材　　　　　　　关键技法："删除"选项

视频文件　光盘\视频\Chapter 10\148 删除音频素材.mp4

操作步骤

步骤01　在"媒体"素材库中，选择需要删除的音频素材，如下图所示。

步骤02　单击鼠标右键，在弹出的快捷菜单中单击"删除"命令，如下图所示，即可删除音乐素材。

10.4 混音器的使用技巧

混音器可以动态调整音量调节线，它允许在播放影片项目的同时，实时调整某个轨道素材任意一点的音量。如果用户的乐感很好，借助混音器可以像专业混音师一样混合影片的精彩声响效果。本节主要向用户介绍混音器的使用技巧。

10.4.1 选择音频轨道

在会声会影X4中使用混音器调节音量前，首先需要选择要调整音量的音轨。

边学边练149 缘分	关键技法："声音轨"按钮

素材文件	光盘\素材\Chapter 10\缘分.VSP
视频文件	光盘\视频\Chapter 10\149 选择音频轨道.mp4

▶ 操作步骤

步骤01 进入会声会影X4，打开一个项目文件，如下图所示。

步骤02 单击"时间轴视图"面板上方的"混音器"按钮，切换至混音器视图。在"环绕混音"选项面板中，单击"声音轨"按钮，如下图所示，即可选择音频轨道。

10.4.2 设置轨道静音

在会声会影X4中编辑视频文件时，用户可根据需要对声音轨中的音频文件执行静音操作。

边学边练150 设置轨道静音	关键技法：声音图标

素材文件	光盘\素材\Chapter 10\缘分.VSP
视频文件	光盘\视频\Chapter 10\150 设置轨道静音.mp4

Chapter
09

Chapter
10

Chapter
11

Chapter
12

Chapter
13

Chapter
14

Chapter
15

Chapter
16

Chapter
17

▶ **操作步骤**

步骤 01 打开上一小节中的素材文件，进入混音器视图，如下图所示。

步骤 02 在"环绕混音"选项面板中，单击"声音轨"按钮左侧的声音图标 🔊，即可设置轨道静音，如下图所示。

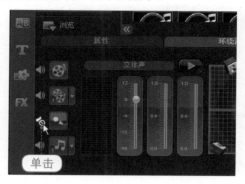

 10.4.3 实时调整音量

　　在会声会影X4的混音器视图中播放音频文件时，用户可以对某个轨道上的音频进行音量的调节。

边学边练151	**实时调整音量**	关键技法："音量"滑块

素材文件	光盘\素材\Chapter 10\缘分.VSP
效果文件	光盘\效果\Chapter 10\缘分.VSP
视频文件	光盘\视频\Chapter 10\151 实时调整音量.mp4

▶ **操作步骤**

步骤 01 打开上一小节中的素材文件，进入混音器视图，选择需要调整的音轨，单击"环绕混音"选项面板中的播放按钮，如下图所示。

步骤 02 此时，即可试听选择轨道的音频效果，并且可在混音器中看到音量起伏的变化。拖动"环绕混音"选项面板中的"音量"滑块，即可实时调节音量，如下图所示。

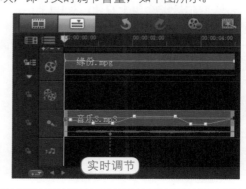

10.4.4 恢复默认音量

前面的知识点介绍了实时调整音量的操作，如果用户对当前的设置不满意，可以将音量调节线恢复到原始状态。

边学边练152 **恢复默认音量**　　　　　　　　　　关键技法："重置音量"命令

| 效果文件 | 光盘\效果\Chapter 10\缘分1.VSP |
| 视频文件 | 光盘\视频\Chapter 10\152 恢复默认音量.mp4 |

操作步骤

步骤01 打开上一小节中的效果文件，进入混音器视图，在音频素材上单击鼠标右键，在弹出的快捷菜单中单击"重置音量"命令，如下图所示。

步骤02 执行操作后，即可恢复默认音量，如下图所示。

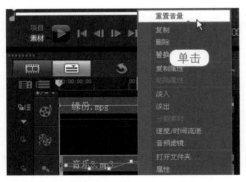

 专家指点

在音频素材上，选择添加的关键帧，单击鼠标左键并向外拖曳，也可以快速删除关键帧音量。

 10.4.5 调节右声道音量

在会声会影X4中，用户可以根据需要调节音频右声道音量的大小，对于调节后的音量，播放试听的时候会有所变化。

边学边练153 **调节右声道音量**　　　　　　　　　　关键技法：向右拖曳滑块

| 素材文件 | 光盘\效果\Chapter 10\缘分2.VSP |
| 视频文件 | 光盘\视频\Chapter 10\153 调节右声道音量.mp4 |

操作步骤

步骤01 打开上一小节中的效果文件，进入混音器视图，选择音频素材，在"环绕混音"选项面板中单击播放按钮，然后单击右侧区域中的滑块并向右拖曳，如下图所示。

步骤02 执行操作后，即可调整右声道的音量大小，音频素材如下图所示。

专家指点

在立体声中，左声道和右声道能够播出相同或不同的声音，产生从左到右或从右到左的立体声音变化效果。在卡拉OK中，左声道和右声道分别是主音乐声道和主人声声道，关闭其中一个声道，便将听到以音乐为主或以人声为主的声音。

在单声道中，左声道和右声道没有什么区别。在2.1、4.1、6.1等声场模式中，左声道和右声道还可以分为前置左、右声道，后置左、右声道，环绕左、右声道，以及中置和低音炮等。

▶ 10.4.6 调节左声道音量

在会声会影X4中，当播放音频素材时，如果左声道的音量不能满足用户的需求，可以调节左声道的音量。

边学边练154 **调节左声道音量** ┃ 关键技法：**向左拖曳滑块**

效果展示

本实例的最终效果如下图所示。

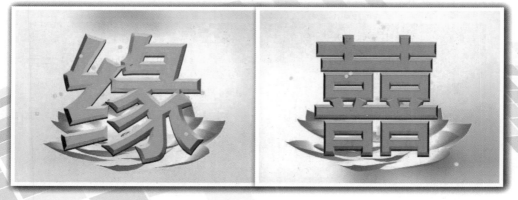

Chapter **09**

Chapter **10**

Chapter **11**

Chapter **12**

Chapter **13**

Chapter **14**

Chapter **15**

Chapter **16**

Chapter **17**

素材文件	光盘\效果\Chapter 10\缘分3.VSP
视频文件	光盘\视频\Chapter 10\154 调节左声道音量.mp4

▶ 操作步骤

步骤 01 打开上一小节中的素材文件，进入混音器视图，选择音频素材，在"环绕混音"选项面板中单击播放按钮，然后单击右侧区域中的滑块并向左拖曳，如下图所示。

步骤 02 执行操作后，即可调整左声道的音量大小，音频素材如下图所示。

▶ 10.5 制作背景音乐特效

在会声会影X4中，用户可以将音频滤镜添加到声音轨或音乐轨的音频素材上，如淡入淡出、长回音、音乐厅及放大等。本节将通过4个具体实例的制作介绍音频特效的制作方法。

▶ 10.5.1 "删除噪音"音频滤镜

在会声会影X4中，用户可以根据需要为音频素材添加"删除噪音"滤镜效果，该滤镜可以去除音频中的噪音。

边学边练155 贺寿　　　　　　　　　　　　关键技法："删除噪音"选项

▶ 效果展示

本实例的最终效果如下图所示。

素材文件	光盘\素材\Chapter 10\贺寿.VSP
效果文件	光盘\效果\Chapter 10\贺寿.VSP
视频文件	光盘\视频\Chapter 10\155 "删除噪音"音频滤镜.mp4

▶ **操作步骤**

步骤**01** 进入会声会影X4，打开一个项目文件，如下左图所示。

步骤**02** 选择音频素材，在"音乐和声音"选项面板中单击"音频滤镜"按钮 ，弹出"音频滤镜"对话框，在"可用滤镜"列表框中，选择"删除噪音"选项，单击"添加"按钮，选择的音频滤镜即可显示在"已用滤镜"列表框中，如下右图所示，单击"确定"按钮，即可将选择的滤镜添加到声音轨的音频文件中。单击导览面板中的"播放修整后的素材"按钮，即可试听"删除噪音"音频滤镜效果。

▎▶ **10.5.2** "长回音"音频滤镜

在会声会影X4中，使用"长回音"音频滤镜可以为音频文件添加回音效果。该滤镜适合在比较梦幻的视频素材当中使用。

边学边练156 **神仙**　　　　　　　　　关键技法："长回音"选项

▶ **效果展示**

本实例的最终效果如下图所示。

素材文件	光盘\素材\Chapter 10\神仙.VSP
效果文件	光盘\效果\Chapter 10\神仙.VSP
视频文件	光盘\视频\Chapter 10\156 "长回音"音频滤镜.mp4

操作步骤

步骤01 进入会声会影X4，打开一个项目文件，如下左图所示。

步骤02 选择音频素材，在"音乐和声音"选项面板中单击"音频滤镜"按钮 ，弹出"音频滤镜"对话框，在"可用滤镜"列表框中，选择"长回音"选项，单击"添加"按钮，选择的音频滤镜即可显示在"已用滤镜"列表框中，如下右图所示，单击"确定"按钮，即可将选择的滤镜添加到声音轨的音频文件中。单击导览面板中的"播放修整后的素材"按钮，即可试听"长回音"音频滤镜效果。

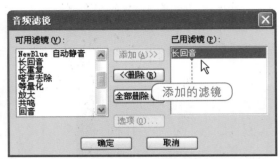

专家指点

　　在"音频滤镜"对话框中，将相应滤镜添加至"已用滤镜"列表框中后，若用户对添加的音频滤镜不满意，可以对音频滤镜进行删除操作。在对话框中单击"全部删除"按钮，即可将音频滤镜全部删除。

10.5.3　"混响"音频滤镜

　　在会声会影X4中，使用"混响"音频滤镜可以为音频文件添加混响效果。该滤镜适合在酒吧或KTV的音效中使用。

边学边练157　烟花　　　　　　　关键技法："混响"选项

效果展示

　　本实例的最终效果如下图所示。

素材文件	光盘\素材\Chapter 10\烟花.VSP
效果文件	光盘\效果\Chapter 10\烟花.VSP
视频文件	光盘\视频\Chapter 10\157 "混响"音频滤镜.mp4

▶ 操作步骤

步骤 01 进入会声会影X4，打开一个项目文件，如下左图所示。

步骤 02 选择音频素材，在"音乐和声音"选项面板中单击"音频滤镜"按钮，弹出"音频滤镜"对话框，在"可用滤镜"列表框中，选择"混响"选项，单击"添加"按钮，选择的音频滤镜即可显示在"已用滤镜"列表框中，如下右图所示，单击"确定"按钮，即可将选择的滤镜添加到声音轨的音频文件中。单击导览面板中的"播放修整后的素材"按钮，即可试听"混响"音频滤镜效果。

▶ 10.5.4 "放大"音频滤镜

在会声会影X4中，使用"放大"音频滤镜可以对音频文件的声音进行放大处理。该滤镜适合在音频音量较小的素材中使用。

边学边练158 幸福相伴　　　关键技法："放大"选项

▶ 效果展示

本实例的最终效果如下图所示。

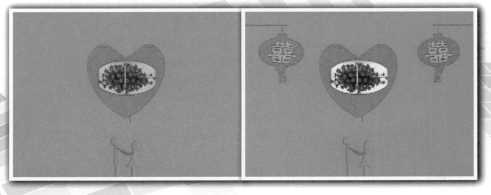

Chapter 09
Chapter 10
Chapter 11
Chapter 12
Chapter 13
Chapter 14
Chapter 15
Chapter 16
Chapter 17

素材文件	光盘\素材\Chapter 10\幸福相伴.VSP
效果文件	光盘\效果\Chapter 10\幸福相伴.VSP
视频文件	光盘\视频\Chapter 10\158 "放大"音频滤镜.mp4

操作步骤

步骤01 进入会声会影X4，打开一个项目文件，如下左图所示。

步骤02 选择音频素材，在"音乐和声音"选项面板中单击"音频滤镜"按钮，弹出"音频滤镜"对话框，在"可用滤镜"列表框中，选择"放大"选项，单击"添加"按钮，选择的音频滤镜即可显示在"已用滤镜"列表框中，如下右图所示，单击"确定"按钮，即可将选择的滤镜添加到声音轨的音频文件中。单击导览面板中的"播放修整后的素材"按钮，即可试听"放大"音频滤镜效果。

本章小结

　　本章主要向用户介绍了如何使用会声会影X4来为影片添加背景音乐或声音，以及如何编辑音频文件和合理地混合各音频文件，以便得到满意的效果。

　　通过对本章的学习，用户应能够掌握和了解影片中音频的添加与混合效果的制作，从而为自己的影视作品制作出完美的音乐效果。

中文版会声会影X4完全学习手册（全彩超值版）

11

渲染与输出视频

经过一系列烦琐编辑后,用户便可将编辑完成的影片输出成视频文件了。在会声会影X4的"分享"步骤面板中,可以将编辑完成的影片进行渲染及输出成视频文件。本章主要向用户介绍渲染与输出视频文件的各种操作方法,包括渲染输出影片、输出影片模板、输出影片音频及导出影片等内容。

▶ 知识要点

① 输出整个影片
② 渲染输出高清视频
③ 指定影片的输出范围
④ 设置视频的保存格式
⑤ 设置视频的保存选项
⑥ 创建PAL DV格式输出模板
⑦ 创建PAL DVD格式输出模板
⑧ 创建MPEG-1格式输出模板
⑨ 创建WMV格式输出模板

⑩ 设置输出声音的文件名
⑪ 设置输出声音的音频格式
⑫ 设置音频文件保存选项
⑬ 输出项目文件中的声音
⑭ 导出为视频网页
⑮ 导出为电子邮件
⑯ 将影片导出为屏幕保护
⑰ 将影片导出到移动设备

▶ 本章重点

① 渲染输出高清视频
② 指定影片的输出范围
③ 创建PAL DV格式输出模板
④ 设置输出声音的文件名

⑤ 设置音频文件保存选项
⑥ 输出项目文件中的声音
⑦ 导出为视频网页
⑧ 将影片导出为屏幕保护

▶ 效果欣赏

11.1 渲染输出影片

用户在保存编辑完成的视频文件后，即可将其渲染并输出到计算机的硬盘中。本节主要向用户介绍输出影片的各种操作方法，包括输出整个影片或输出指定范围的影片等。

11.1.1 输出整个影片

在会声会影X4中渲染影片时，可以将项目文件创建成AVI、QuickTime或其他视频文件格式的影片。

| 边学边练159 | 婚纱影像 | 关键技法："自定义"选项 |

▶ 效果展示

本实例的最终效果如下图所示。

素材文件	光盘\素材\Chapter 11\婚纱影像.VSP
效果文件	光盘\效果\Chapter 11\婚纱影像.mpg
视频文件	光盘\视频\Chapter 11\159 输出整个影片.mp4

▶ 操作步骤

步骤 01 进入会声会影X4，打开一个项目文件，如下图所示。

步骤 02 切换至"分享"步骤面板，单击"分享"选项面板中的"创建视频文件"按钮，在弹出的下拉列表中选择"自定义"选项，如下图所示。

Chapter **09**

Chapter **10**

Chapter **11**

Chapter **12**

Chapter **13**

Chapter **14**

Chapter **15**

Chapter **16**

Chapter **17**

步骤 03 此时，弹出"创建视频文件"对话框，在其中设置视频文件的保存位置及文件名称，如下图所示，然后单击"选项"按钮。

步骤 04 弹出"视频保存选项"对话框，在其中选择"整个项目"单选按钮，如下图所示。

步骤 05 单击"确定"按钮，返回"创建视频文件"对话框，单击"保存"按钮，系统开始渲染影片。渲染完成后，在"视频"素材库中可以看到创建好的影片文件（文件格式为MPG）。单击导览面板中的"播放修整后的素材"按钮，即可预览影片效果。

11.1.2　渲染输出高清视频

　　输出影片是视频编辑工作的最后一个步骤，会声会影X4提供了多种输出影片的选项，下面向用户介绍渲染输出高清视频文件的操作步骤。

边学边练160　桌子　　关键技法："DVD视频"选项

▶ 效果展示

　　本实例的最终效果如下图所示。

素材文件	光盘\素材\Chapter 11\桌子.VSP
效果文件	光盘\效果\Chapter 11\桌子.mpg
视频文件	光盘\视频\Chapter 11\160 渲染输出高清视频.mp4

▶ 操作步骤

步骤 01 进入会声会影X4，打开一个项目文件，如下左图所示。

步骤02 切换至"分享"步骤面板，单击"分享"选项面板中的"创建视频文件"按钮，在弹出的下拉列表中选择"DVD"｜"DVD视频（4：3）"选项，如下右图所示，弹出"创建视频文件"对话框，在其中设置输出选项，单击"保存"按钮，即可输出高清视频文件。

11.1.3 指定影片的输出范围

在会声会影X4中，用户可以使用"分享"步骤面板所提供的渲染指定部分影片功能输出局部视频。

边学边练161 **美食美刻**	关键技法："预览范围"单选按钮

效果展示

本实例的最终效果如下图所示。

素材文件	光盘\素材\Chapter 11\美食美刻.VSP
效果文件	光盘\效果\Chapter 11\美食美刻.mpg
视频文件	光盘\视频\Chapter 11\161 指定影片的输出范围.mp4

操作步骤

步骤01 进入会声会影X4，打开一个项目文件，如下左图所示。

步骤02 切换至"时间轴视图"，在时间轴上拖曳时间码至00:00:01:00的位置，单击"开始标记"按钮，此时，时间轴上的播放控制条左侧呈灰色显示，如下右图所示。

步骤03 在时间轴上拖曳时间码至00:00:05:00的位置，单击"结束标记"按钮，时间轴中的白色预览线区域就是用户所指定的预览范围，如下左图所示。

步骤04 单击"分享"标签，切换至"分享"步骤面板，单击"分享"选项面板上的"创建视频文件"按钮，在弹出的下拉列表中选择"自定义"选项，弹出"创建视频文件"对话框，选择文件的保存路径，并输入保存的文件名，单击"选项"按钮，弹出"视频保存选项"对话框，选择"预览范围"单选按钮，如下右图所示，单击"确定"按钮，返回"创建视频文件"对话框，单击"保存"按钮，即可渲染影片，预览影片效果。

11.1.4　设置视频的保存格式

会声会影X4向用户提供了多种视频保存格式，用户可根据需要选择相应的视频格式进行输出操作。

| 边学边练162 | 通过按钮选择视频格式 | 关键技法："创建视频文件"按钮 |

 视频文件　光盘\视频\Chapter 11\162 设置视频的保存格式.mp4

▶ 操作步骤

步骤01 在"媒体"素材库中，将视频素材添加至视频轨中，如下左图所示。

步骤02 切换至"分享"步骤面板，在"分享"选项面板上单击"创建视频文件"按钮，在弹出的下拉列表中选择一种预设的视频保存格式即可，如下右图所示。

Chapter 09
Chapter 10
Chapter 11
Chapter 12
Chapter 13
Chapter 14
Chapter 15
Chapter 16
Chapter 17

视频格式区别如下表所示。

文件格式	画面质量	文件大小	适用时机
PAL DV	最好	最大	文档保存
PAL DVD	很好	很大	输出DVD光盘
PAL VCD	差	较大	输出VCD光盘
PAL SVCD	一般	较大	输出SVCD光盘
PAL MPEG2	很好	很大	计算机观看
PAL MPEG1	差	较大	计算机观看
流视频RM	好	小	网络传输
流视频WMV	好	小	网络传输

11.1.5 设置视频的保存选项

▶ 操作步骤

步骤01 在"分享"选项面板中，单击"创建视频文件"按钮，在弹出的下拉列表中选择一种视频文件格式，弹出"创建视频文件"对话框，在其中可以根据需要设置好相应的文件路径及文件名称，如下图所示。

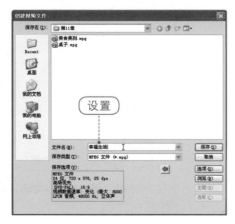

步骤02 在"创建视频文件"对话框中，单击"选项"按钮，可以弹出"视频保存选项"对话框，在其中用户可以根据需要进行一些通用设置，如下图所示。

Chapter
09

Chapter
10

Chapter
11

Chapter
12

Chapter
13

Chapter
14

Chapter
15

Chapter
16

Chapter
17

专家指点

"视频保存选项"对话框向用户提供了3个视频编辑选项卡，用户可根据需要在相应的选项卡中对视频文件进行相应的设置。

11.2 输出影片模板

影片制作完成之后，如果觉得所制作的视频部分或音频部分比较满意，那么，可以将影片中的视频部分或音频部分单独输出，以便以后加工处理，从而制作出更加完美的影片。会声会影X4预置了一些输出模板，以便于影片输出操作，这些模板定义了几种常用的输出文件格式、压缩编码和质量等输出参数。本节主要向用户介绍输出影片模板的各种操作方法，包括创建PAL DV格式、PAL DVD格式、MPEG-1格式、RM格式及WMV格式等。

11.2.1　创建PAL DV格式输出模板

DV格式是AVI格式的一种，输出的影像质量几乎没有损失，但文件会非常大，当需要以最高质量输出影片时，或要回录到DV当中时，可以选择DV格式。

| **边学边练163**　**家装** | 关键技法："制作影片模板管理器"命令 |

▶ 效果展示

本实例的最终效果如下图所示。

素材文件	光盘\素材\Chapter 11\家装.VSP
效果文件	光盘\效果\Chapter 11\家装.VSP
视频文件	光盘\视频\Chapter 11\163 创建PAL DV格式.mp4

▶ 操作步骤

步骤01 进入会声会影X4，打开一个项目文件，单击"设置"|"制作影片模板管理器"命令，如下左图所示，弹出"制作影片模板管理器"对话框，在其中可以查看已有的模板设置。

步骤02 单击"新建"按钮，弹出"新建模板"对话框，在"模板名称"文本框中输入"PAL DV格式"，如下右图所示。

 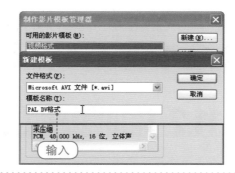

步骤 03 单击"确定"按钮，弹出"模板选项"对话框，其中显示了模板名称，切换至"常规"选项卡，设置该选项卡中的选项，如下左图所示。

步骤 04 单击"确定"按钮，返回"制作影片模板管理器"对话框。此时，新创建的模板将出现在该对话框的"可用的项目模板"列表框中，如下右图所示。单击"关闭"按钮，退出"制作影片模板管理器"对话框，完成设置。

 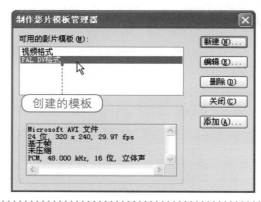

11.2.2 创建PAL DVD格式输出模板

DVD格式是一种比较流行的视频压缩格式，使用该格式输出的影像质量很好，输出的视频文件也比较大，制作的DVD光盘能在所有DVD影碟机中播放。在"制作影片模板管理器"对话框中，单击"新建"按钮，然后在"新建模板"对话框中设置名称为"PAL DVD高质量"、"文件格式"为"MPEG文件"。再在"模板选项"对话框中设置各选项，如下图所示，单击"确定"按钮，即可完成模板的创建。

11.2.3　创建MPEG-1格式输出模板

　　MPEG格式的视频文件用途非常广泛，可用于多媒体、PowerPoint幻灯演示中的视频文件，也可以将完成的视频文件在Windows媒体播放器中播放。

　　在"制作影片模板管理器"对话框中单击"新建"按钮，然后在"新建模板"对话框中设置名称为"MPEG-1高质量"、"文件格式"为"MPEG文件"。再在"模板选项"对话框中设置各选项，如下图所示，单击"确定"按钮，即可完成模板的创建。

11.2.4　创建RM格式输出模板

　　在会声会影X4中，RM是流视频格式，文件很小，适合网络实时传输，在Realone Player媒体播放器上播放。在"目标观众"选项区里，"28K调制解调器"网速最慢，得到的文件最小，影像质量最差；"局域网"速度最快，得到的文件最大，影像质量最好。其余4种是介于两者之间的等级。另外，用户还可以设置帧大小、音频、视频质量等参数。

　　在"制作影片模板管理器"对话框中，单击"新建"按钮，然后在"新建模板"对话框中设置"模板名称"为"RM高质量"、"文件格式"为"Microsoft-AVI文件[*.avi]"选项，该选项是默认选项。再在"模板选项"对话框中设置各选项，如下图所示，单击"确定"按钮，即可完成模板的创建。

专家指点

　　在"模板选项"对话框的"配置"选项卡中，用户可根据需要选择"目标观众"选项区中的复选框，还可以设置音频的内容与视频的质量等属性。

11.2.5　创建WMV格式输出模板

WMV也是流视频格式，由微软开发，在编码速度、压缩比率、画面质量、兼容性方面都有相当明显的优势。WMV有很多输出配置文件，版本越高或者传输速率越大，影像质量越高，文件也越大。同时，还可以允许加入标题、作者、版权等信息。

在"制作影片模板管理器"对话框中单击"新建"按钮，然后在"新建模板"对话框中设置名称为"WMV高质量"、"文件格式"为"Windows Media视频"，再在"模板选项"对话框中设置各选项如下图所示，单击"确定"按钮，即可完成模板的创建。

11.3　输出影片音频

单独输出影片中的声音素材可以将整个项目的音频单独保存，以便在声音编辑软件中进一步处理声音或者应用到其他影片中。本节主要向用户介绍输出影片音频的各种操作方法，包括设置输出声音的文件名、设置输出声音的音频格式、设置音频文件保存选项及输出项目文件中的声音等内容。

11.3.1　设置输出声音的文件名

在会声会影X4中输出影片音频文件之前，首先需要在"创建音频文件"对话框中设置输出声音的文件名。

| 边学边练164　水果 | 关键技法："创建声音文件"按钮 |

▶ 效果展示

本实例的最终效果如下图所示。

中文版会声会影X4完全学习手册（全彩超值版）

| 素材文件 | 光盘\素材\Chapter 11\水果.VSP |
| 视频文件 | 光盘\视频\Chapter 11\164 设置输出声音的文件名.mp4 |

操作步骤

步骤01 进入会声会影X4，打开一个项目文件，如下左图所示。

步骤02 切换至"分享"步骤面板，单击"分享"选项面板上的"创建声音文件"按钮，弹出"创建声音文件"对话框，在"文件名"右侧的文本框中输入相应视频文件的名称，如下右图所示，完成声音文件名的设置。

11.3.2 设置输出声音的音频格式

在"创建声音文件"对话框中设置好声音文件的名称后，接下来向用户介绍设置输出音频格式的操作方法。

在"创建声音文件"对话框中，单击"保存类型"右侧的下三角按钮，在弹出的下拉列表中，选择"MPEG-4音频文件"选项，如右图所示，即可设置声音文件的音频格式。

11.3.3 设置音频文件保存选项

在"创建声音文件"对话框中，设置好声音文件的文件名与音频格式外，接下来向用户介绍设置音频文件保存选项的操作步骤。

边学边练165 通过对话框设置保存选项　　关键技法："选项"按钮

| 素材文件 | 光盘\素材\Chapter 11\水果.VSP |
| 视频文件 | 光盘\视频\Chapter 11\165 设置音频文件保存选项.mp4 |

221

步骤01 打开"边学边练164"中的素材文件，打开"创建声音文件"对话框，单击"选项"按钮，如下图所示。

单击

步骤02 在弹出的"音频保存选项"对话框中，选择"整个项目"单选按钮和"创建后播放文件"复选框，如下图所示，单击"确定"按钮，完成保存选项的设置。

选择

11.3.4 输出项目文件中的声音

在"创建声音文件"对话框中，设置声音文件的文件名、音频格式及保存选项外，接下来就可以将声音文件进行输出了。

边学边练166 **通过对话框输出影片音频**　　　关键技法："保存"按钮

素材文件	光盘\素材\Chapter 11\水果.VSP
效果文件	光盘\效果\Chapter 11\水果.mp4
视频文件	光盘\视频\Chapter 11\166 输出项目文件中的声音.mp4

▶ 操作步骤

步骤01 在"创建声音文件"对话框中，单击"保存"按钮，如下图所示。

单击

步骤02 执行操作后，开始渲染影片，待影片渲染完成后，在"媒体"素材库中，可查看渲染后的音频文件，如下图所示。

查看

中文版会声会影X4完全学习手册（全彩超值版）

11.4 导出影片文件

会声会影X4向用户提供了多种影片导出方式，例如，将影片文件导出为网页、电子邮件、屏幕保护及移动设备等，用户可根据需要选择相应的导出方式，本节主要对影片文件的导出进行详细的介绍。

11.4.1 导出为视频网页

网络已经成为分享影片的最佳方式，利用会声会影X4提供的直接将视频文件保存到网页的功能，可以轻松地制作可视性极强的视频网页，为个人主页增光添彩。

边学边练167 别墅	关键技法："网页"命令

▶ 效果展示

本实例的最终效果如下图所示。

素材文件	光盘\素材\Chapter 11\别墅.VSP
效果文件	光盘\效果\Chapter 11\别墅.htm
视频文件	光盘\视频\Chapter 11\167 导出为视频网页.mp4

▶ 操作步骤

步骤 **01** 进入会声会影X4，打开一个项目文件，如下左图所示。

步骤 **02** 单击"文件"|"导出"|"网页"命令，弹出提示信息框，单击"是"按钮，弹出"浏览"对话框，在其中设置网页的保存位置及文件名称，如下右图所示，单击"确定"按钮，即可导出为网页，从而可以预览网页效果。

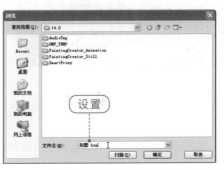

Chapter 09
Chapter 10
Chapter 11
Chapter 12
Chapter 13
Chapter 14
Chapter 15
Chapter 16
Chapter 17

11.4.2 导出为电子邮件

将视频文件通过网络发送给远方的家人、亲戚或朋友是一件非常有趣而又温馨的事，可以告诉家人和朋友最近的生活状况。用户可以使用会声会影X4提供的将视频文件通过电子邮件传送的方式来实现。

| 边学边练168 风景 | 关键技法："电子邮件"命令 |

效果展示

本实例的最终效果如下图所示。

| 素材文件 | 光盘\素材\Chapter 11\风景.VSP |
| 视频文件 | 光盘\视频\Chapter 11\168 导出为电子邮件.mp4 |

操作步骤

步骤01 进入会声会影X4，打开一个项目文件，如下图所示。

步骤02 单击"文件"|"导出"|"电子邮件"命令，打开"新邮件"窗口，在其中输入相应的文本内容，如下图所示，单击"发送"按钮，即可发送电子邮件。

11.4.3 将影片导出为屏幕保护

在会声会影X4中，用户可根据需要将影片设置为Windows的屏幕保护，可制作个性化的计算机桌面。会声会影X4只支持WMV格式的视频文件导出为屏幕保护。

边学边练169 片头 | 关键技法："影片屏幕保护"命令

▶ 效果展示

本实例的最终效果如下图所示。

 | **素材文件** | 光盘\素材\Chapter 11\片头.VSP |
| **视频文件** | 光盘\视频\Chapter 11\169 导出为屏幕保护.mp4 |

▶ 操作步骤

步骤01 进入会声会影X4，打开一个项目文件，如下左图所示。

步骤02 单击"文件"|"导出"|"影片屏幕保护"命令，弹出"显示 属性"对话框，在其中可预览屏幕保存的效果，如下右图所示，单击"确定"按钮，即可将视频文件导出为屏幕保护。

▶ 11.4.4 将影片导出到移动设备

在会声会影X4中编辑完视频文件后，用户还可以将影片导出到移动设备中，然后可以根据需要将其复制至任何一台计算机中。

边学边练170 生日快乐 | 关键技法：选择导出选项

▶ 效果展示

本实例的最终效果如下图所示。

Chapter 09
Chapter 10
Chapter 11
Chapter 12
Chapter 13
Chapter 14
Chapter 15
Chapter 16
Chapter 17

中文版会声会影X4完全学习手册（全彩超值版）

素材文件	光盘\素材\Chapter 11\生日快乐.VSP
视频文件	光盘\视频\Chapter 11\170 导出到移动设备.mp4

▶ 操作步骤

步骤01 进入会声会影X4，打开一个项目文件，如下左图所示。

步骤02 切换至"分享"步骤面板，在"分享"选项面板中单击"导出到移动设备"按钮，在弹出的下拉列表中选择需要导出的选项，如下右图所示。

步骤03 此时，弹出"将媒体文件保存至硬盘/外部设备"对话框，在其中设置影片导出选项及移动设备，如右图所示，单击"确定"按钮，即可导出到移动设备中。

本章小结

会声会影X4提供了多种输出方式，以适合不同的需要。用户可以将影片输出到录像带，存储到硬盘中，作为邮件发送，制作成视频网页及屏幕保护等。本章主要阐述了如何将会声会影X4中的项目文件或视频文件输出为各种各样的格式或形式，以满足不同用户的需要。

会声会影X4提供的输出方式是全面而又简单的，向导式的操作方式可以让用户轻松完成影片的输出。在实际应用中，要根据观看者的需要和各种硬件条件来选择合适的输出方式。

12 刻录DVD与VCD光盘

　　影片编辑完成后，最后的工作就是刻录了，会声会影X4提供了多种刻录方式，以适合不同的需要。用户可在会声会影X4中直接刻录视频，如刻录VCD、DVD或SVCD光盘，也可以使用专业的刻录软件进行光盘的刻录。本章主要向用户介绍刻录DVD与VCD光盘的操作方法。

▶ 知识要点

1. 了解刻录机的工作原理
2. 了解VCD/DVD光盘
3. 了解蓝光光盘
4. 添加影片素材
5. 选择光盘类型
6. 为素材添加章节
7. 设置菜单类型

8. 添加背景音乐
9. 预览影片效果
10. 刻录DVD影片
11. 导入影片文件
12. 设置刻录选项
13. 测试视频效果
14. 刻录VCD光盘

▶ 本章重点

1. 了解刻录机的工作原理
2. 了解VCD/DVD光盘
3. 添加影片素材
4. 为素材添加章节

5. 添加背景音乐
6. 刻录DVD影片
7. 设置刻录选项
8. 刻录VCD光盘

▶ 效果欣赏

12.1 刻录前的准备工作

运用会声会影X4完成视频的编辑后，使用其自带的刻录光盘功能，可以直接将影片刻录输出到DVD、SVCD或蓝光光盘中。用户在进行刻录之前，需要了解刻录的基本常识，如刻录机的工作原理，VCD、DVD光盘及蓝光或其他光盘等知识。

12.1.1 刻录机的工作原理

随着科学技术的发展，光盘刻录机已经越来越普及。刻录机能够在CD-R、DVD或蓝光光盘上记录数据。每张CD-R的容量可达到650MB，可以在普通的CD-ROM上读取。因而，刻录机成为了大容量数据备份、交换的最佳选择。刻录机外观如右图所示。

当用户刻录CD-R光盘时，刻录机发出的高功率激光会聚集在CD-R盘片某个特定部位上，使这个部位的有机染料层产生化学反应，将其反光特性改变，这个部位就不能反射光驱所发出的激光，这相当于传统CD光盘上的凹面，没有被高功率激光照到的地方可以依靠黄金层反射激光。这样刻录的光盘与普通CD-ROM的读取原理也基本相同，因而刻录盘也可以在普通光驱上读取。

目前，大部分刻录机除了支持整盘刻录（Disk at Once）方式外，还支持轨道刻录（Track at Once）方式。使用整盘刻录方式时，用户必须将所有数据一次性写入CD-R光盘，如果准备的数据较少，刻录一张光盘势必会造成很大的浪费。而使用轨道刻录方式就可以避免这种浪费，这种方式允许一张CD-R光盘在有多余空间的情况下进行多次刻录。

12.1.2 VCD/DVD光盘

在会声会影X4中刻录光盘前，用户首先需要掌握VCD与DVD光盘的相关知识与操作方法。

1 VCD 1.0与VCD 2.0

VCD就是常说的影音光盘，最初是由Philips、JVC、SONY与Matsushita于1993年7月联合推出的影音光盘格式VCD 1.0（之后又推出修订版VCD1.1）。1994年2月又发展到VCD 2.0，其主要增强功能是"交互式菜单"。VCD存放的数据大都是电影或卡拉OK，由于具备声音和画面效果，因此被称为影音光盘。

无论是VCD 1.0、VCD 1.1还是VCD 2.0，都采用MPEG-1格式作为视频保存的格式，其分辨率为352px×288px，每段播放时间长约60分钟。制作VCD时，无论视频资源是电视、录像带还是AVI文件，都必须转换成MPEG-1格式才能制作。

VCD 2.0与VCD1.1最大的区别就是VCD 2.0允许多样化的交互式操作，它可以在高分辨率的静态图片（720px×576px）上增加菜单目录，用户通过这些菜单可以选择要播放的内容。

VCD 2.0的特征主要有以下几点。

- 可以在影片中添加多张静态图片，如制作相片VCD。
- 可以在静态图像中添加背景音乐。
- 可以添加有MPEG-1格式的"视频轨"，这是VCD专用格式，但用户需要遵守VCD白皮书格式来制作。

● 具有CD-DA单轨（类似于Audio CD）。

2　DVD与MinDVD

　　DVD与MinDVD的区别在于，DVD是使用DVD刻录机及DVD空白光盘刻录而成的，而MinDVD则是使用普通的刻录机及CD-R刻录而成的。它们都使用DVD标准，但是市场上的大多数DVD播放机都是支持DVD，而不支持MinDVD。因此，如果用户要刻录输出MinDVD，首先要检测使用的DVD播放机是否支持，否则就只能使用计算机的DVD-ROM播放，并通过相应的播放软件观看这种光盘。

　　一张普通的650MB的CD-R可以刻录18分钟的MinDVD影片。现在DVD刻录机的价格比较昂贵，刻录MinDVD也能解决高清晰影片的刻录问题。用户可以通过网络搜索哪些型号的播放机支持MinDVD光盘。

▶ 12.1.3　蓝光光盘

　　蓝光（Blu-ray）或称蓝光盘（Blu-ray Disc，缩写为BD），利用波长较短（405nm）的蓝色激光读取和写入数据，并因此而得名。传统DVD需要光头发出红色激光（波长为650nm）来读取或写入数据。通常来说，波长越短的激光，在单位面积上记录或读取的信息更多，因此，蓝光极大地提高了光盘的存储容量。对于光存储产品来说，蓝光提供了一个跳跃式发展的机会。

　　到目前为止，蓝光是最先进的大容量光碟格式。BD激光技术的巨大进步，使用户能够在一张单碟上存储25GB的文档文件，这是现有（单碟）DVDs的5倍。在速度上，蓝光允许1～2倍或者说每秒4.5～9MB的记录速度，蓝光光盘如下图所示。

　　蓝光光盘拥有异常坚固的层面，可以保护光盘里面重要的记录层。飞利浦的蓝光光盘采用高级真空连接技术，形成了厚度统一的100μm（1μm=1/1000mm）的安全层。飞利浦蓝光光盘可以经受频繁的使用、指纹、抓痕和污垢，以此保证蓝光产品的存储数据安全。在技术上，蓝光刻录机系统可以兼容此前出现的各种光盘产品。蓝光产品的巨大容量为高清电影、游戏和大容量数据存储带来了可能和方便，将在很大程度上促进高清娱乐的发展。目前，蓝光技术也得到了世界上的多家大游戏公司、电影公司、消费电子和家用计算机制造商的支持。得到了8家主要电影公司中的7家的支持，包括迪士尼、福克斯、派拉蒙、华纳、索尼、米高梅及狮门。

　　当前，流行的DVD技术采用波长为650nm的红色激光和数字光圈为0.6的聚焦镜头，盘片厚度为0.6mm。而蓝光技术采用波长为405nm的蓝紫色激光，通过广角镜头上比率为0.85的数字光圈，成功地将聚焦的光点尺寸缩到极小程度。此外，蓝光的盘片具有0.1mm的光学透明保护层，以减少光盘在转动过程中由于倾斜而造成的读写失常，这使得数据的读取更加容易，并为极大地提高存储密度提供了可能。

▷ 12.2 刻录DVD光盘

创建的影片光盘主要有两大类，一类是数据光盘，通过Nero等刻录软件把前面输出的各种视频文件直接刻入，这种光盘内容只能在计算机中播放；另一类是VCD/SVCD/DVD光盘，能够在计算机和影碟播放机中直接播放。本节主要向用户介绍将制作好的影片刻录成DVD光盘的操作方法。

▷ 12.2.1 添加影片素材

光盘的素材可以是会声会影中的项目文件，也可以是其他视频文件，用户可向光盘中添加影片或项目文件。

| 边学边练171 | 添加影片素材 | 关键技法："插入照片"命令 |

▶ 效果展示

本实例的最终效果如下图所示。

| 素材文件 | 光盘\素材\Chapter 12\1.jpg～4.jpg |
| 视频文件 | 光盘\视频\Chapter 12\171 添加影片素材.mp4 |

▶ 操作步骤

步骤01 进入会声会影X4，在"时间轴视图"面板中的空白位置上，单击鼠标右键，在弹出的快捷菜单中单击"插入照片"命令，如下图所示。

步骤02 此时，弹出"浏览照片"对话框，在其中用户可选择需要插入的照片素材，如下图所示。

Chapter **09**

Chapter **10**

Chapter **11**

Chapter **12**

Chapter **13**

Chapter **14**

Chapter **15**

Chapter **16**

Chapter **17**

步骤 03 单击"打开"按钮，即可将照片素材添加至视频轨中，如下图所示。选择相应照片素材，可以在预览窗口中预览照片效果。

添加的照片

12.2.2 选择光盘类型

刻录光盘的第2步就是确定光盘的类型，会声会影X4提供了4种光盘类型，用户可根据需要选择相应的光盘类型。

边学边练172 **选择光盘类型** 关键技法：DVD选项

素材文件	光盘\素材\Chapter 12\1.jpg ~ 4.jpg
视频文件	光盘\视频\Chapter 12\172 选择光盘类型.mp4

▶ 操作步骤

步骤 01 在会声会影的X4工作界面中，单击"分享"标签，切换至"分享"步骤面板，如下图所示。

步骤 02 在"分享"选项面板中，单击"创建光盘"按钮，在弹出的下拉列表中选择DVD选项，如下图所示，即可设置光盘的类型为DVD。

12.2.3 为素材添加章节

在编辑照片素材的过程中，用户可根据需要对照片素材进行添加与编辑章节的操作，使照片效果更符合用户的需求。

素材文件	光盘\素材\Chapter 12\1.jpg～4.jpg
视频文件	光盘\视频\Chapter 12\173 为素材添加章节.mp4

▶ **操作步骤**

步骤01 单击"创建光盘"按钮，在弹出的下拉列表中选择DVD选项，打开Corel VideoStudio Pro对话框，在对话框上方单击"添加/编辑章节"按钮，如下图所示。

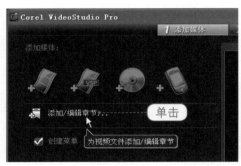

步骤02 弹出"添加/编辑章节"对话框，单击对话框右侧的"自动添加章节"按钮，弹出"自动添加章节"对话框，如下图所示。

步骤03 单击"确定"按钮，即可为素材添加章节，如下图所示。

步骤04 在对话框的下方显示了章节各个片段，如下图所示，最后单击"确定"按钮。

▶ 12.2.4　设置菜单类型

为素材添加章节后，用户可根据需要设置菜单模板的类型，使制作的影片更具欣赏力。

▶ **效果展示**

本实例的最终效果如下图所示。

中文版会声会影X4完全学习手册（全彩超值版）

| 素材文件 | 光盘\素材\Chapter 12\1.jpg～4.jpg |
| 视频文件 | 光盘\视频\Chapter 12\174 设置菜单类型.mp4 |

▶ **操作步骤**

步骤01 添加章节后，返回Corel VideoStudio Pro对话框，单击"下一步"按钮，进入"菜单和预览"界面，单击"略图菜单"右侧的下三角按钮，在弹出的下拉列表中选择"全部"选项，如下图所示。

步骤02 此时，显示了系统中的全部菜单模板，在其中选择第2排第1个模板样式，可在预览窗口中预览模板效果，如下图所示。

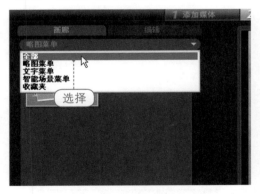

▶ **12.2.5**　**添加背景音乐**

在编辑影片的过程中，音频的处理相当重要，如果声音运用恰到好处，会给观众带来耳目一新的感觉。

边学边练175　**添加背景音乐**　　关键技法："为此菜单选取音乐"选项

| 素材文件 | 光盘\素材\Chapter 12\配乐.mp3 |
| 视频文件 | 光盘\视频\Chapter 12\175 添加背景音乐.mp4 |

步骤 01 在"菜单和预览"界面中，切换至"编辑"选项卡，单击"设置背景音乐"按钮，在弹出的下拉列表中选择"为此菜单选取音乐"选项，如下图所示。

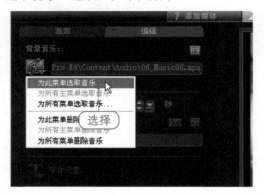

步骤 02 此时，弹出"打开音频文件"对话框，在其中选择需要添加的音乐文件，如下图所示，单击"打开"按钮，即可添加背景音乐。

专家指点

在"打开音频文件"对话框中，在需要添加的音频文件上双击鼠标左键，也可以快速添加音频文件至会声会影X4程序中。

12.2.6 预览影片效果

为影片添加相应的菜单模板和背景音乐后，可以对影片进行预览，在没有刻录光盘之前，还可以修改影片的某些参数。

边学边练176 预览影片效果　　　　　关键技法："预览"按钮

效果展示

本实例的最终效果如下图所示。

素材文件	光盘\素材\Chapter 12\1.jpg ~ 4.jpg
视频文件	光盘\视频\Chapter 12\176 预览影片效果.mp4

Chapter 09
Chapter 10
Chapter 11
Chapter 12
Chapter 13
Chapter 14
Chapter 15
Chapter 16
Chapter 17

操作步骤

步骤01 在"菜单和预览"界面中，单击下方的"预览"按钮，如下图所示。

步骤02 执行操作后，进入预览界面，如下图所示，单击界面左侧的"播放"按钮，即可在预览窗口中预览影片的动画效果。

12.2.7 刻录DVD影片

对影片编辑完成后，即可对影片进行刻录操作，将制作的影片刻录成DVD光盘，以永久保存。

边学边练177 刻录DVD影片 　　关键技法："刻录"按钮

| 素材文件 | 光盘\素材\Chapter 12\配乐.mp3 |
| 视频文件 | 光盘\视频\Chapter 12\177 刻录DVD影片.mp4 |

操作步骤

步骤01 在预览界面中，单击"后退"按钮，返回"菜单和预览"界面，单击"下一步"按钮，如下图所示。

步骤02 进入"输出"界面，在其中用户可根据需要设置DVD光盘的卷标、驱动器、份数及刻录格式等选项，如下图所示。单击"刻录"按钮，即可刻录DVD光盘。

12.3 使用Nero刻录VCD

使用Nero可以让用户以轻松、快速的方式制作自己专属的CD和DVD。不论用户所要刻录的是资料CD、音乐CD、Video CD、Super Video CD还是DVD，所有的程序都是一样的。Nero是一款功能强大的刻录软件，支持很多种刻录格式和完善的刻录功能。如果是在计算机上刻录，需要将VCD文件夹中的视频文件夹复制至带有DVD光盘刻录机和Nero的计算机中。

专家指点

Nero的总部位于德国卡尔斯巴德（Karlsbad），同时在德国卡尔斯巴德、美国加利福尼亚州格伦代尔（Glendale）、日本横滨（Yokohama）及中国杭州设有地区办公室，其研发中心位于德国卡尔斯巴德和中国杭州。该公司拥有全球在线直销客户群，包括制造商、OEM、经销商、贸易伙伴及最终客户。

12.3.1 导入影片文件

Nero是一款非常著名的专业刻录软件，支持中文长文件名刻录，可以刻录多种类型的光盘。在刻录视频光盘之前，用户首先需要在Nero界面中导入相应的影片文件，然后进行后面的刻录操作。

边学边练178	甜蜜恋人	关键技法："添加视频文件"选项

素材文件	光盘\素材\Chapter 12\甜蜜恋人.mpg
视频文件	光盘\视频\Chapter 12\178 导入影片文件.mp4

操作步骤

步骤01 从快速启动工具栏中，运行Nero应用程序，进入Nero工作界面，并单击"照片和视频"按钮，单击界面上方的下拉按钮，在弹出的下拉列表中选择CD选项，并单击"制作视频光盘"按钮，如下图所示。

步骤02 弹出"未命名项目"窗口，在右侧选项区中选择"添加视频文件"选项，如下图所示。

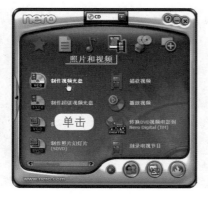

步骤 03 弹出"打开"窗口，选择需要添加的视频文件，如下图所示。

步骤 04 单击"打开"按钮，将视频文件导入，如下图所示。

12.3.2 设置刻录选项

在Nero中导入相应的视频文件后，用户可以设置相应的刻录选项，使制作的视频更加流畅和高清。

| 边学边练179 | 设置刻录选项 | 关键技法："编辑菜单"按钮 |

素材文件	光盘\素材\Chapter 12\甜蜜恋人.mpg	
视频文件	光盘\视频\Chapter 12\179 设置刻录选项.mp4	

▶ 操作步骤

步骤 01 在视频光盘编辑界面中，单击"下一个"按钮，进入选择菜单界面，在"页眉"文本框中输入"甜蜜恋人"，更改页眉效果，如下图所示。

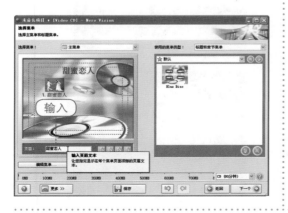

步骤 02 单击"编辑菜单"按钮，进入"编辑菜单"界面，选择"配置"选项，在展开的配置面板中选择"配置1"选项，然后在预览窗口中将图像位置居中选择"字体"选项，在展开的字体面板中设置相应的字体属性，如下图所示，完成刻录选项的设置。

Chapter
09
Chapter
10
Chapter
11
Chapter
12
Chapter
13
Chapter
14
Chapter
15
Chapter
16
Chapter
17

12.3.3 测试视频效果

当用户导入视频并对视频进行相应的编辑后，接下来可根据实际情况测试设置后的视频效果。

| 边学边练180 | 测试视频效果 | 关键技法："播放"按钮 |

| 素材文件 | 光盘\素材\Chapter 12\甜蜜恋人.mpg |
| 视频文件 | 光盘\视频\Chapter 12\180 测试视频效果.mp4 |

▶ **操作步骤**

步骤01 在"编辑菜单"界面中设置完成后，单击"下一个"按钮，返回"选择菜单"界面，便可查看更改后的视频效果，如下图所示。

步骤02 单击"下一个"按钮，进入"预览"界面，单击相应的按钮可以控制视频播放效果，如下图所示。

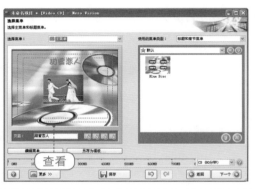

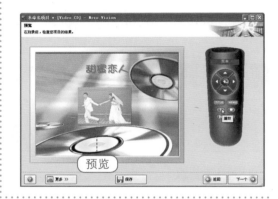

步骤03 在遥控器上，单击"播放"按钮，即可预览视频效果，如下图所示。

Chapter 09
Chapter 10
Chapter 11
Chapter 12
Chapter 13
Chapter 14
Chapter 15
Chapter 16
Chapter 17

12.3.4 刻录VCD光盘

当用户制作完视频文件后，接下来可以对制作的视频文件进行刻录操作，将曾经的回忆永久保存。

边学边练181　刻录VCD光盘　　　　关键技法："刻录"选项

素材文件	光盘\素材\Chapter 12\甜蜜恋人.mpg
视频文件	光盘\视频\Chapter 12\181 刻录VCD光盘.mp4

操作步骤

步骤01 在"预览"界面中，单击"下一个"按钮，进入"刻录选项"界面，如下图所示。

步骤02 在右侧选项区中选择"刻录"选项，在弹出的子菜单中选择相应的刻录机名称，如下图所示。

步骤03 设置完成后，单击界面右下角的"刻录"按钮，即可刻录视频。

本章小结

本章主要向用户介绍了将会声会影X4中的项目文件或视频文件刻录成DVD或VCD光盘的各种操作方法，以满足观赏者的需要。通过对本章的学习，相信用户对影片的刻录有了一定的了解，并且能够熟练地将使用会声会影制作的项目文件刻录成影音光盘。

13 专题影像作品——《荷和天下》

荷花是一种古老而又年轻的花卉，它盛开在广袤乡村的水泊原野，更盛开在喧嚣都市人的心灵家园。不知从何时开始，轻盈灵动的荷花悄然闯入中国人的心中，让人再也割舍不下。荷花象征着国家的和平，代表世界人民的和睦。本章主要向用户介绍专题影像作品——《荷和天下》视频效果的制作。

▶ 知识要点

① 导入荷花视频文件
② 分割荷花视频文件
③ 添加视频转场效果
④ 制作片头动画效果
⑤ 制作片尾动画效果

⑥ 制作荷花边框效果
⑦ 制作荷花字幕动画
⑧ 制作影片音频特效
⑨ 输出视频动画文件

▶ 本章重点

① 分割荷花视频文件
② 添加视频转场效果
③ 制作片头动画效果

④ 制作片尾动画效果
⑤ 制作荷花字幕动画
⑥ 输出视频动画文件

▶ 效果欣赏

13.1 效果欣赏

　　荷的一身，内实外美；荷的一生，内外兼修。荷花之美，堪称夺目惊魂，历代文人雅士多有铺陈。荷花盛开在每一个中国人的心中，它代表世界和睦，没有战争。在制作《荷和天下》视频效果之前，首先预览项目效果，并掌握项目技术提炼等内容。

13.1.1 效果赏析

　　本实例的最终视频效果如下图所示。

13.1.2 技术提炼

　　首先进入会声会影X4，在视频轨中插入多段荷花视频文件，然后在各荷花素材之间添加转场效果，制作荷花片头动画，为各段荷花视频文件添加边框效果，接下来制作标题字幕动画，最后添加音乐素材，并输出为视频文件。

13.2 视频的制作过程

　　本节主要向用户介绍《荷和天下》视频文件的制作过程，包括导入荷花视频素材文件、添加视频转场效果、制作视频片头动画效果、制作视频边框效果、制作视频片尾动画效果、制作视频字幕动画效果及制作音频特效等内容。

Chapter 09
Chapter 10
Chapter 11
Chapter 12
Chapter 13
Chapter 14
Chapter 15
Chapter 16
Chapter 17

13.2.1 导入荷花视频素材

关键技法："插入媒体文件"命令

在制作视频效果之前，首先需要导入相应的荷花视频素材，如下图所示，导入素材后才能对视频素材进行相应编辑。

素材文件	光盘\素材\Chapter 13\1.wmv ~ 11.mp3
视频文件	光盘\视频\Chapter 13\01 导入荷花视频素材.mp4

▶ 操作步骤

步骤01 在桌面的会声会影X4快捷方式图标上双击鼠标左键，即可启动会声会影X4应用程序，进入会声会影X4，在"媒体"素材库中选择"文件夹"选项，切换到"文件夹"选项卡，在空白位置处单击鼠标右键，在弹出的快捷菜单中单击"插入媒体文件"命令，如下图所示。

步骤02 弹出"浏览媒体文件"对话框，在其中选择需要插入的荷花素材文件，单击"打开"按钮，即可将素材导入到"文件夹"选项卡中，如下图所示。此时，用户可查看导入的素材文件。

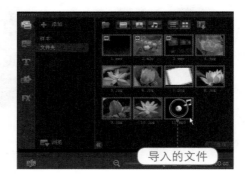

专家指点

进入会声会影X4，单击"文件"|"将媒体文件插入到素材库"|"插入视频"命令，弹出"浏览视频"对话框，在其中选择需要导入的视频素材，单击"打开"按钮，也可以导入视频。

13.2.2 分割荷花视频文件

关键技法："分割素材"命令

在编辑视频的过程中，有时需要将视频文件分割为好几段，以制作出多个视频场景片段，使视频内容更具吸引力。分割完的效果如下图所示。

Chapter 09

Chapter 10

Chapter 11

Chapter 12

Chapter 13

Chapter 14

Chapter 15

Chapter 16

Chapter 17

🔵 **视频文件** 光盘\视频\Chapter 13\02 分割荷花视频文件.mp4

▶ **操作步骤**

步骤01 在"文件夹"选项卡中，选择导入的视频素材1.wmv，单击鼠标左键并将其拖曳至视频轨中的开始位置，单击"图形"按钮，切换至"图形"素材库，在其中选择黑色色块，单击鼠标左键并拖曳至视频轨中的适当位置，在"色彩"选项面板中设置"色彩区间"为0:00:02:00，视频轨如下图所示。

步骤03 执行操作后，即可分割视频素材。在0:03:00:19的位置处，再次分割视频素材，如下图所示。

步骤02 在"文件夹"选项卡中选择2.m2p视频素材，单击鼠标左键并拖曳至视频轨中的适当位置，将时间线移至0:02:56:00的位置，在视频素材上单击鼠标右键，在弹出的快捷菜单中单击"分割素材"命令，如下图所示。

步骤04 按【Delete】键，将分割后的最后一段视频素材删除，将分割后的第1段视频素材移至片头色块后方，如下图所示。

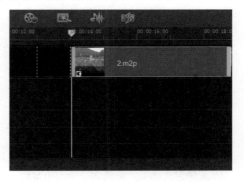

步骤05 按照同样的方法，对第2段视频素材进行相应分割操作，并调整分割后的视频位置，最后添加相应的素材至视频轨中，视频轨如右图所示。此时，可以在预览窗口中预览视频效果。

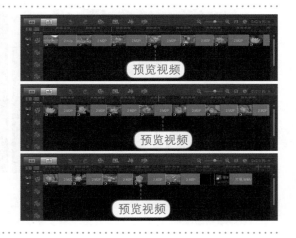

13.2.3　添加视频转场效果

关键技法："转场"按钮

会声会影X4的"转场"素材库向用户提供了多种类型的转场效果，用户可根据需要进行相应的选择。视频转场效果如下图所示。

视频文件　光盘\视频\Chapter 13\03 添加视频转场效果.mp4

▶ 操作步骤

步骤01 单击"转场"按钮，切换至"转场"素材库，单击上方的"画廊"按钮，在弹出的下拉列表中选择"过滤"选项，打开"过滤"转场素材库，在其中选择"交叉淡化"转场，如下图所示。

步骤02 单击鼠标左键并将其拖曳至视频1与黑色色块之前，即可添加"交叉淡化"转场效果，如下图所示。

步骤03 按照同样的方法，在黑色色块与素材2之间添加"交叉淡化"转场，如下左图所示。

步骤04 单击上方的"画廊"按钮，在弹出的下拉列表中选择3D选项，进入3D转场素材库，在其中选择"手风琴"转场，单击鼠标左键并将其拖曳至第2段与第3段素材之间，即可添加"手风琴"转场，如下右图所示。

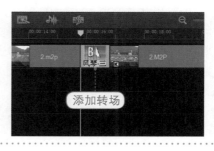

步骤05 按照同样的方法，在其他各素材之间添加转场效果。单击"播放修整后的素材"按钮，即可预览视频转场效果，如下图所示。

13.2.4 制作片头动画效果

关键技法：拖曳至覆叠轨中

片头动画在影片中起着不可代替的地位，片头动画的美观程度决定着是否能够吸引观众的眼球，效果如下图所示。

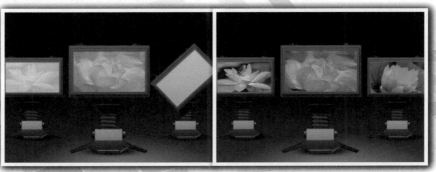

▶ **操作步骤**

步骤 01 将时间线移至0:00:02:24的位置处，在"文件夹"选项卡中选择图像素材4，单击鼠标左键并将其拖曳至覆叠轨中的时间线位置，在"编辑"选项面板中，调整覆叠素材的区间为0:00:09:01，选择"应用摇动和缩放"复选框。在"属性"选项面板中，单击"淡入动画效果"按钮和"淡出动画效果"按钮，设置淡入淡出动画特效，如下左图所示。此时，可以在预览窗口中调整覆叠素材的大小和形状。

步骤 02 在视频轨上方，单击"轨道管理器"按钮，弹出"轨道管理器"对话框，在其中选择"覆叠轨#2"和"覆叠轨#3"复选框，如下右图所示。单击"确定"按钮，即可新增2条覆叠轨道。

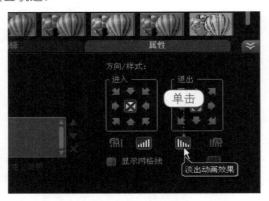
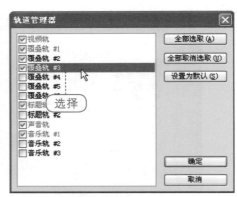

步骤 03 按照同样的方法，在覆叠轨2和覆叠轨3中的适当位置添加覆叠素材，设置素材的区间、摇动效果及淡入淡出动画，在预览窗口中调整覆叠素材的形状。单击导览面板中的"播放修整后的素材"按钮，预览覆叠片头动画效果，如下图所示。

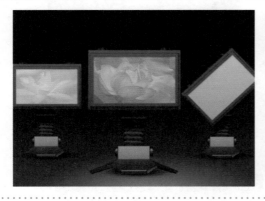
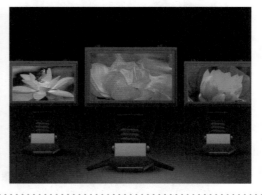

▶ 13.2.5 制作片尾动画效果   关键技法：拖曳至覆叠轨中

片头与片尾动画是相对应的，视频以什么样的动画开始播放，就应当配以什么样的动画结尾。

Chapter **09**

Chapter **10**

Chapter **11**

Chapter **12**

Chapter **13**

Chapter **14**

Chapter **15**

Chapter **16**

Chapter **17**

视频文件　光盘\视频\Chapter 13\05 制作片尾动画效果.mp4

▶ 操作步骤

步骤**01** 将时间线移至0:01:10:14的位置处，在"文件夹"选项卡中选择图像素材8，单击鼠标左键并将其拖曳至覆叠轨中的时间线位置，在"编辑"选项面板中，调整素材"视频区间"为0:00:05:00，选择"应用摇动和缩放"复选框。在"属性"选项面板中，单击"淡入动画效果"按钮和"淡出动画效果"按钮，设置淡入淡出动画特效。在预览窗口中调整覆叠素材的大小和形状，如下左图所示。

步骤**02** 按照同样的方法，在覆叠轨2和覆叠轨3中的适当位置添加相应覆叠素材，如下右图所示。然后设置素材的区间、摇动效果及淡入淡出动画，在预览窗口中调整覆叠素材的形状。

步骤**03** 单击"播放修整后的素材"按钮，预览片尾覆叠动画效果，如下图所示。

专家指点

　　当用户为覆叠素材设置相应的淡入淡出动画效果后，还可以在预览窗口的下方调整淡入淡出动画的播放时间和播放进度，使其符合动画作品。

13.2.6 制作荷花边框效果

关键技法：拖曳至覆叠轨中

在编辑视频过程中，为视频素材添加相应的边框效果，可以使制作的视频内容更加丰富，起到美化视频的作用。

🔘 视频文件　光盘\视频\Chapter 13\06 制作荷花边框效果.mp4

 操作步骤

步骤01 将时间线移至0:00:12:00的位置处，在"文件夹"选项卡中选择图像素材7，单击鼠标左键并将其拖曳至覆叠轨中的时间线位置，调整覆叠素材的"视频区间"为0:00:02:00，并设置淡入动画效果，如下图所示。

步骤02 在预览窗口中选择覆叠素材，单击鼠标右键，在弹出的快捷菜单中单击"调整到屏幕大小"命令，调整覆叠素材的大小，如下图所示。

🏆 **专家指点**

　　当制作视频边框效果时，最好设置边框的两端为淡入淡出特效，这样可以使视频与边框很好地结合，从而增强影片吸引力。

步骤03 按照同样的方法，在覆叠轨中的适当位置插入两幅同样的素材，调整素材的区间、大小及淡出动画效果等属性。单击导览面板中的"播放修整后的素材"按钮，预览制作的荷花边框效果，如下图所示。

Chapter **09**

Chapter **10**

Chapter **11**

Chapter **12**

Chapter **13**

Chapter **14**

Chapter **15**

Chapter **16**

Chapter **17**

▎▷ 13.2.7 制作荷花字幕动画 关键技法："属性"选项面板

在会声会影X4中，单击"标题"按钮，切换至"标题"素材库，在其中用户可根据需要输入并编辑多个标题字幕。

视频文件 光盘\视频\Chapter 13\07 制作荷花字幕动画.mp4

▶ 操作步骤

步骤 01 将时间线移至0:00:05:00的位置处，在预览窗口中输入相应的文本内容，在"编辑"选项面板中设置文本的"区间"为0:00:07:00、"字体"为"方正粗圆简体"、"字体大小"为50、"色彩"为洋红色，如右图所示。

步骤 **02** 切换至"属性"选项面板，选择"动画"单选按钮和"应用"复选框，设置"选取动画类型"为"淡化"，单击"自定义动画属性"按钮，弹出"淡化动画"对话框。在其中选择"交叉淡化"单选按钮，如右图所示。

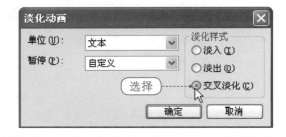

步骤 **03** 单击"确定"按钮，即可设置标题字幕的动画效果。单击"播放修整后的素材"按钮，即可预览标题字幕动画效果，如下图所示。

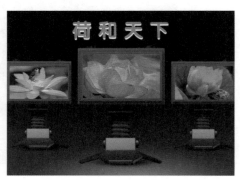

步骤 **04** 按照同样的方法，在标题轨中的其他位置输入相应的文本内容，并设置文本的字体属性和动画效果。单击"播放修整后的素材"按钮，预览视频字幕的动画效果，如下图所示。

13.3 后期编辑与输出

在会声会影X4中，影片的后期编辑与输出非常简单，只需几个简单的步骤即可完成操作，它影响着影片的质量。

13.3.1 制作影片音频特效 | 关键技法：“淡入”按钮、“淡出”按钮

除了画面以外，声音是影片中另一个非常重要的因素。会声会影X4提供了向影片中添加背景音乐和声音的简单方法。

下面向用户介绍从素材库中添加音频素材的操作方法。

> 🔘 **视频文件** 光盘\视频\Chapter 13\08 制作影片音频特效.mp4

▶ 操作步骤

步骤01 将时间线移至素材的开始位置，在"文件夹"选项卡中选择相应音频素材，单击鼠标左键并将其拖曳至音乐轨中的开始位置，添加音频素材，如下图所示。

步骤02 将时间线移至0:01:15:13的位置处，选择音频素材，单击鼠标右键，在弹出的快捷菜单中单击"分割素材"命令，即可分割素材，如下图所示。

步骤03 将分割后的音频素材进行删除，选择剪辑后的音频素材，在"音乐和声音"选项面板中，单击"淡入"按钮和"淡出"按钮，设置音频素材的淡入淡出特效，如下图所示。

步骤04 单击时间轴面板上方的"混音器"按钮，进入混音器视图，在其中可以对淡入淡出关键帧进行相应的调整和修改，如下图所示。单击导览面板中的"播放修整后的素材"按钮，可以试听音频效果。

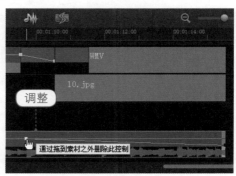

13.3.2 　输出视频动画文件　　　

创建并保存视频文件后，用户即可对其进行渲染。渲染时间根据编辑项目的长短及计算机配置的高低而略有不同。会声会影X4提供了多种输出影片的方法，用户可根据需要进行相应选择。

效果文件	光盘\效果\Chapter 13\专题影像作品：《荷和天下》.mpg
视频文件	光盘\视频\Chapter 13\09 输出视频动画文件.mp4

▶ **操作步骤**

步骤 01 切换至"分享"步骤面板，在"分享"选项面板中单击"创建视频文件"按钮，在弹出的下拉列表中选择"自定义"选项，如下图所示。

步骤 02 弹出"创建视频文件"对话框，在其中设置文件的保存位置及文件名称，如下图所示。单击"保存"按钮，即可开始渲染影片，并显示渲染进度。待影片渲染完成后，即可完成视频文件的输出操作。

 **本章小结**

荷花逐水而居，其生命力令人惊叹！物竞天择，适者生存。几乎有阳光的地方，就有荷花摇曳的身影，从这个意义上说，荷花乃大自然妙笔生花的产物，是真正的大自然之子。本章通过对《荷和天下》视频的制作，介绍了专题视频作品的制作方法。希望用户学完以后，可以举一反三，制作出更多专题视频作品，如电子产品、水杯、植物及动物等。

Chapter

14

旅游影像作品——《浯溪陶铸》

　　浯溪旅游景点是由于优秀共产党员陶铸而成为名胜古迹。浯溪碑林风景名胜区现为全国重点文物保护单位，省级风景名胜区、省级爱国主义教育基地、湖南省十大文化遗产及湖南新"潇湘八景"。本章主要向用户介绍旅游影像作品——《浯溪陶铸》视频效果的制作。

▶ 知识要点

1 导入旅游视频素材
2 添加变形视频文件
3 添加各种转场效果
4 制作旅游片头动画

5 制作旅游纹样动画
6 制作字幕动画
7 制作旅游音频特效
8 创建视频文件

▶ 本章重点

1 添加变形视频文件
2 添加各种转场效果
3 制作旅游片头动画

4 制作旅游纹样动画
5 制作字幕动画
6 制作旅游音频特效

▶ 效果欣赏

浯溪——陶铸
杰出的无产阶级革命家

浯溪欢迎您！

▷ 14.1 效果欣赏

陶铸同志是中国共产党的优秀党员，坚定的马克思主义者，久经考验的忠诚的革命战士，杰出的无产阶级革命家，党和军队卓越的政治工作者，党和国家的卓越领导人。他的一生为民族独立、人民解放和国家富强作出了重要贡献，是人民群众熟悉和爱戴的革命前辈。在制作《浯溪陶铸》视频效果之前，首先预览项目效果，并掌握项目技术提炼等内容。

▷ 14.1.1 效果赏析

《浯溪陶铸》的最终视频效果如下图所示。

▷ 14.1.2 技术提炼

首先进入会声会影X4，在媒体库中插入相应的视频素材、图像素材、纹样素材及音乐素材等，切换至"转场"素材库，在其中添加相应的转场，然后进入"标题"素材库，通过选项面板中的设置，在预览窗口中创建多个标题字幕，接下来通过"媒体"素材库在音乐轨中插入音频素材，最后输出为视频文件。

▷ 14.2 视频的制作过程

本节主要向用户介绍《浯溪陶铸》视频文件的制作过程，包括导入旅游视频素材、添加变形视频文件、添加各种转场效果、制作旅游片头动画、制作旅游纹样动画、制作旅游片尾动画、制作浯溪字幕动画、制作旅游音频特效及创建浯溪视频文件等内容。

Chapter
09

Chapter
10

Chapter
11

Chapter
12

Chapter
13

Chapter
14

Chapter
15

Chapter
16

Chapter
17

 14.2.1 导入旅游视频素材 ┃ 关键技法：拖曳素材

在会声会影X4中，导入旅游视频素材的方法很简单。下面介绍通过拖曳的方式导入旅游视频素材的操作步骤。

| 素材文件 | 光盘\素材\Chapter 14\1.wmv ~ 18.mpa |
| 视频文件 | 光盘\视频\Chapter 14\01 导入旅游视频素材.mp4 |

▶ **操作步骤**

步骤01 打开"我的电脑"窗口，在相应的文件夹中选择需要导入的旅游视频文件，按【Ctrl＋A】组合键全选素材文件，如下图所示。

步骤02 单击鼠标左键的同时并将其拖曳1至"媒体"素材库的"文件夹"选项卡中，如下图所示，即可导入旅游视频素材。在预览窗口中，也可预览视频动画效果。

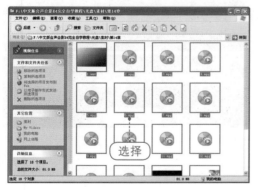

🔲 **专家指点**

在"媒体"素材库的"文件夹"选项卡中，选择相应的素材文件后，单击鼠标右键，在弹出的快捷菜单中单击"打开文件夹"命令，即可打开素材所在的文件夹。

 14.2.2 添加变形视频文件 ┃ 关键技法："变形素材"复选框

将素材添加至"媒体"素材库的"文件夹"选项卡中后，接下来需要将素材文件添加至视频轨中，并调整视频文件的形状与大小。

| 视频文件 | 光盘\视频\Chapter 14\02 添加变形视频文件.mp4 |

步骤01 单击"图形"按钮，切换至"图形"素材库，在"色彩"选项卡中选择黑色色块，单击鼠标左键并拖曳至视频轨中的开始位置，在"色彩"选项面板中设置"色彩区间"为0:00:02:00，此时视频轨中的色块如下图所示。

步骤02 在"文件夹"选项卡中，选择1.wmv视频文件，单击鼠标左键并将其拖曳至视频轨中的适当位置，切换至"属性"选项面板，选择"变形素材"复选框，在预览窗口中拖曳素材四周的黄色控制柄，调整视频素材的大小和形状，此时的视频效果如下图所示。

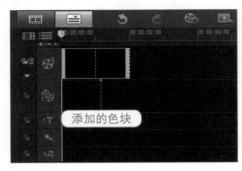

步骤03 按照同样的方法，在视频轨中的其他位置添加相应的素材文件，并在适当的位置添加黑色色块，调整色块与素材区间，然后调整视频素材的大小和形状，此时的"时间轴视图"面板中的素材如右图所示。

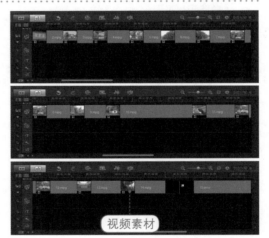

▷ 14.2.3　添加各种转场效果

关键技法："转场"按钮

在会声会影X4中，添加转场效果的方法很简单，只需选择某个转场效果，单击鼠标左键并将其拖曳至两幅素材之间，释放鼠标左键，即可添加转场效果。

中文版会声会影X4完全学习手册（全彩超值版）

视频文件　光盘\视频\Chapter 14\03 添加各种转场效果.mp4

▶ 操作步骤

步骤01　单击"转场"按钮，切换至"转场"素材库，在其中选择"交叉淡化"转场，如下图所示。

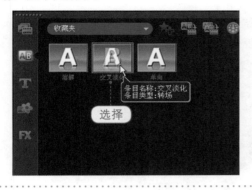

步骤02　单击鼠标左键并拖曳至视频轨中的黑色色块与视频1之间，即可添加"交叉淡化"转场效果，如下图所示。

步骤03　按照同样的方法，在其他各素材之间添加相应的转场效果，如"飞行木板"、"旋涡"、"手风琴"及"对开门"等转场。单击"播放修整后的素材"按钮，即可预览视频转场效果，如下图所示。

▶ **14.2.4**　**制作旅游片头动画**　　关键技法："速度/时间流逝"命令

　　为旅游视频文件添加动态片头动画效果，可以为影片增色。下面向用户介绍制作旅游片头动画的操作步骤。

Chapter 09
Chapter 10
Chapter 11
Chapter 12
Chapter 13
Chapter 14
Chapter 15
Chapter 16
Chapter 17

▶ **操作步骤**

步骤01 将时间线移至0:00:07:24的位置处，在"文件夹"选项卡中选择2.mpg视频文件，单击鼠标左键并将其拖曳至覆叠轨1中的时间线位置，在视频素材上单击鼠标右键，在弹出的快捷菜单中单击"速度/时间流逝"命令，弹出"速度/时间流逝"对话框。在该对话框中，设置"新素材区间"为0:00:06:11，如下左图所示。

步骤02 单击"确定"按钮，即可调整素材的区间长度。在预览窗口中调整素材的形状和大小，如下右图所示。在"属性"选项面板中设置素材的淡入淡出动画效果。

 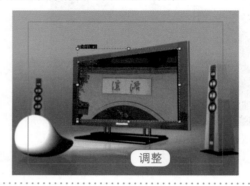

步骤03 单击"播放修整后的素材"按钮，即可预览视频片头动画效果，如下图所示。

▎**14.2.5**　**制作旅游纹样动画**　　关键技法："淡入动画效果"按钮、"淡出动画效果"按钮

在编辑视频的过程中，为视频素材添加漂亮的纹样效果，可以更加吸引观众的眼球，使视频效果更上一个台阶。

中文版会声会影X4完全学习手册（全彩超值版）

Chapter 09
Chapter 10
Chapter 11
Chapter 12
Chapter 13
Chapter 14
Chapter 15
Chapter 16
Chapter 17

 视频文件　　光盘\视频\Chapter 14\05 制作旅游纹样动画.mp4

▶ **操作步骤**

步骤 01　将时间线移至0:00:14:08的位置处，在"文件夹"选项卡中选择16.png图像文件，单击鼠标左键并将其拖曳至覆叠轨1中的时间线位置，如下图所示。

步骤 02　在预览窗口中调整素材至屏幕大小，在"属性"选项面板中，单击"淡入动画效果"按钮和"淡出动画效果"按钮，设置素材的淡入淡出动画效果，如下图所示。

步骤 03　按照同样的方法，在覆叠轨1中的其他位置添加相同的纹样素材，并调整覆叠素材的区间、大小及淡入淡出动画等。单击"播放修整后的素材"按钮，预览纹样动画效果，如下图所示。

▷ 14.2.6　制作字幕动画　　关键技法："标题"按钮

　　会声会影X4中的字幕功能让用户使用起来更加得心应手，并且可以在最短的时间内制作出最专业的字幕。

 视频文件　　光盘\视频\Chapter 14\06 制作字幕动画.mp4

▶ **操作步骤**

步骤 **01** 将时间线移至0:00:02:23的位置处，单击"标题"按钮，切换至"标题"素材库，在预览窗口中的适当位置输入文本内容，在"编辑"选项面板中设置"区间"为0:00:05:00，设置"色彩"为红色，分别设置"字体大小"分别为45、60，调整相应的边框和阴影效果，如下左图所示。

步骤 **02** 在"属性"选项面板中，选择"动画"单选按钮和"应用"复选框，设置"选取动画类型"为"飞行"。此时，预览窗口中的标题字幕效果如下右图所示。

步骤 **03** 按照同样的方法，在标题轨中的其他位置输入相应的文本，并设置文本的字体属性和动画效果。单击"播放修整后的素材"按钮，即可预览标题字幕动画效果，如下图所示。

14.3 后期编辑与输出

编辑完视频效果后，接下来需要对视频进行后期编辑与输出，使制作的视频效果更加完美。

14.3.1 制作旅游音频特效 关键技法："分割素材"命令

在会声会影X4中，用户可以将硬盘中的音频文件直接添加至当前"媒体"素材库中。下面介绍从"媒体"素材库中添加音频文件的步骤。

 视频文件 光盘\视频\Chapter 14\07 制作旅游音频特效.mp4

▶ **操作步骤**

步骤01 在"文件夹"选项卡中，选择17.mp3音频素材，单击鼠标左键并将其拖曳至声音轨中的开始位置，如下左图所示。

步骤02 将时间线移至0:01:25:18的位置处，选择声音轨中的音频素材，单击鼠标右键，在弹出的快捷菜单中单击"分割素材"命令，即可将素材分割为两段。选择后段音频素材，按【Delete】键将其删除，如下右图所示，对声音轨中的音频素材进行剪辑操作。

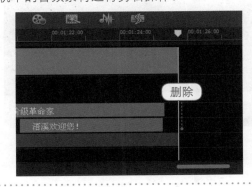

步骤03 选择剪辑后的音频素材，在"音乐和声音"选项面板中，单击"淡入"按钮和"淡出"按钮，设置音频的淡入淡出特效，如下图所示。用户还可以在混音器视图中手动调整音频关键帧的位置。

步骤04 按照同样的方法，在音乐轨中的适当位置插入两段相同的音频素材，如下图所示。将时间线移至素材的开始位置，单击导览面板中的"播放修整后的素材"按钮，即可试听音频效果。

14.3.2 创建视频文件

关键技法："自定义"选项

在视频中添加相应的音频文件后，接下来即可创建视频文件。

效果文件	光盘\效果\Chapter 14\旅游影像作品：《浯溪陶铸》.mpg
视频文件	光盘\视频\Chapter 14\08 创建视频文件.mp4

▶ **操作步骤**

步骤**01** 切换至"分享"步骤面板，在"分享"选项面板中单击"创建视频文件"按钮，在弹出的下拉列表中选择"自定义"选项，如下图所示。

步骤**02** 此时，弹出"创建视频文件"对话框，在其中设置文件的保存位置及文件名称，如下图所示。单击"保存"按钮，即可渲染影片，并显示渲染进度。待影片渲染完成后，即可完成视频文件的输出操作。

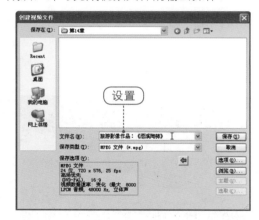

 **本章小结**

　　浯溪是发源于双牌县阳明山的一条小溪，流经祁阳盆地后，在县城南郊2公里处的古渡口流入湘江，这里的溪水两侧和湘江南岸五峰陡峭，古树茂盛，不管是唐朝的梓树、宋朝的柏树，还是元、明、清朝的松树、檀树，都郁郁葱葱。在浯溪的山上，布满了奇形怪状的岩石，有的像怒吼的雄狮，有的似飞跃的猛虎，有的如卧伏的老牛，有的同搔首弄姿的小猴，景观十分奇特。

　　本章通过对《浯溪陶铸》视频的制作，介绍旅游影像作品的制作方法。希望用户学完以后，可以举一反三，制作出更多旅游影像作品，如可以以故乡之美、凤凰之旅、韩国回忆及最美张家界等为题材。

中文版会声会影X4完全学习手册（全彩超值版）

中文版会声会影X4完全学习手册（全彩超值版）

15 生日影像作品——《生日快乐》

生日的庆祝活动对每个人来说都是非常重要的。成功的生日庆祝活动将是一生难忘的回忆。若要通过影片记录下美好时刻，除了具有必要的拍摄技巧外，后期处理尤其重要。本章主要向用户介绍生日影像作品——《生日快乐》视频效果的制作。

▶ 知识要点

① 导入生日视频素材　　　　　⑥ 制作色彩缤纷的边框
② 添加生日视频文件　　　　　⑦ 制作生日字幕效果
③ 制作生日转场效果　　　　　⑧ 制作生日音频特效
④ 制作生日文字片头　　　　　⑨ 渲染输出生日视频
⑤ 制作生日花纹覆叠

▶ 本章重点

① 添加生日视频文件　　　　　④ 制作色彩缤纷的边框
② 制作生日转场效果　　　　　⑤ 制作生日字幕效果
③ 制作生日花纹覆叠　　　　　⑥ 制作生日音频特效

▶ 效果欣赏

15.1 效果欣赏

生日对每个人来说都是非常重要的日子，把生日派对以视频的形式拍摄下来，然后制作成电子相册，将这些回忆永久保存，是一件非常幸福的事。在制作《生日快乐》视频效果之前，首先要预览项目效果，并掌握项目技术提炼等内容。

15.1.1 效果赏析

《生日快乐》的最终视频效果如下图所示。

15.1.2 技术提炼

首先进入会声会影X4，然后导入生日视频文件，将导入的视频添加至视频轨中的适当位置，添加各种转场效果、覆叠效果、边框效果、花纹效果、字幕效果、音频特效，最后渲染输出生日视频文件。

15.2 视频的制作过程

本节主要向用户介绍《生日快乐》视频文件的制作过程，包括导入生日视频文件、制作生日转场效果、制作生日文字片头、制作生日花纹覆叠、制作色彩缤纷的边框及制作生日字幕效果等内容。

▷ 15.2.1 导入生日视频素材

在会声会影X4中，导入视频素材的方法有很多种，下面介绍通过"插入视频"命令导入生日视频素材的操作步骤。

素材文件	光盘\素材\Chapter 15\1.mpg ~ 19.mp3
视频文件	光盘\视频\Chapter 15\01 导入生日视频素材.mp4

▶ 操作步骤

步骤01 进入会声会影X4，在"媒体"素材库中选择"文件夹"选项卡，然后单击"文件"菜单，在弹出的下拉菜单中单击"将媒体文件插入到素材库"|"插入视频"命令，弹出"浏览视频"对话框，在其中选择需要导入到"媒体"素材库中的视频文件，如下图所示。

步骤02 单击"打开"按钮，即可将视频文件导入到"媒体"素材库的"文件夹"选项卡中。按照同样的方法，将其他素材文件导入到"文件夹"选项卡中，如下图所示。在预览窗口中，即可预览视频动画效果。

专家指点

单击"文件"菜单，在弹出的下拉菜单中单击"将媒体文件插入到时间轴"|"插入视频"命令，弹出"浏览视频"对话框，单击"打开"按钮，即可将素材导入到"时间轴视图"面板中。

Chapter 09
Chapter 10
Chapter 11
Chapter 12
Chapter 13
Chapter 14
Chapter 15
Chapter 16
Chapter 17

15.2.2　添加生日视频文件

关键技法：拖曳至视频轨中

将生日视频素材导入到"媒体"素材库后，接下来用户可以将导入的视频素材添加至"时间轴视图"面板的视频轨中，然后进行相应的编辑操作。

🎞️ **视频文件**　光盘\视频\Chapter 15\02 添加生日视频文件.mp4

▶ 操作步骤

步骤01　在"媒体"素材库的"文件夹"选项卡中，选择1.mpg视频文件，单击鼠标左键并将其拖曳至视频轨中的开始位置，添加视频素材，如下图所示。

步骤02　将时间线移至0:00:07:20的位置处，单击"图形"按钮，切换至"图形"素材库，在其中选择黑色色块，单击鼠标左键并将其拖曳至视频轨中的时间线位置，在"色彩"选项面板中设置"色彩区间"为0:00:02:00，此时的视频轨如下图所示。

步骤03　按照同样的方法，在视频轨中的其他位置添加相应的视频素材与黑色色块，并调整素材的区间长度，在"编辑"选项面板中为照片素材设置摇动和缩放动画效果，视频轨中的素材如右图所示。单击"播放修整后的素材"按钮，即可在预览窗口预览视频效果。

中文版会声会影X4完全学习手册（全彩超值版）

15.2.3 制作生日转场效果　　　　　关键技法："转场"按钮

会声会影X4提供了100多种转场效果供用户参考，运用转场效果，可以让素材之间的过渡更加生动、美丽，从而制作出绚丽多姿的视频作品。

🔘 **视频文件**　光盘\视频\Chapter 15\03 制作生日转场效果.mp4

▶ **操作步骤**

步骤01 单击"转场"按钮，切换至"转场"素材库，单击上方的"画廊"按钮，在弹出的下拉列表中选择"全部"选项，显示全部转场效果，在其中选择"交叉淡化"转场，如下图所示。

步骤02 单击鼠标左键并将其拖曳至视频1与黑色色块之间，添加"交叉淡化"转场，如下图所示。

专家指点

为素材添加并调整转场效果后，可以对转场效果的部分属性进行相应的设置，从而制作出丰富的视觉效果。

步骤03 按照同样的方法，在各视频素材之间添加相应转场效果，如添加"旋涡"、"棋盘"、"扭曲"、"翻页"、"拉链"及"对开门"等转场效果。单击"播放修整后的素材"按钮，即可预览各视频转场效果，如下图所示。

Chapter **09** Chapter **10** Chapter **11** Chapter **12** Chapter **13** Chapter **14** Chapter **15** Chapter **16** Chapter **17**

15.2.4　制作生日文字片头

关键技法：拖曳至覆叠轨中

为影片片头中的文字制作动画效果，可以突出影片主题，起到明确主题的作用，并增添了趣味性。

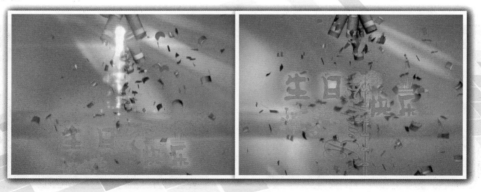

🔘 **视频文件**　光盘\视频\Chapter 15\04 制作生日文字片头.mp4

▶ 操作步骤

步骤01 将时间线移至0:00:02:18的位置处，在"文件夹"选项卡中选择15.png图像素材，单击鼠标左键并将其拖曳至覆叠轨1中的时间线位置，如下左图所示。

步骤02 在"编辑"选项面板中设置"照片区间"为0:00:05:03，在预览窗口中调整覆叠素材的大小，在"属性"选项面板中单击"淡入动画效果"按钮和"淡出动画效果"按钮，在"进入"选项区中单击"从下方进入"按钮，设置覆叠动画效果，如下右图所示。

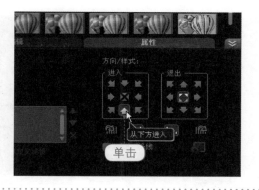

步骤 03 单击"播放修整后的素材"按钮，即可预览文字片头动画效果，如下图所示。

步骤 04 在覆叠轨图标上，单击鼠标右键，在弹出的快捷菜单中单击"轨道管理器"命令，弹出"轨道管理器"对话框，选择"覆叠轨#2"复选框，单击"确定"按钮，即可新增一条覆叠轨道。按照同样的方法，制作其他片头覆叠效果，在"属性"选项面板中设置覆叠素材的淡入和淡出动画、进入和退出动画、透明度，在预览窗口中调整覆叠素材的大小，在"编辑"选项面板中设置覆叠素材的区间为0:00:05:03。单击"播放修整后的素材"按钮，即可预览覆叠片头动画效果，如下图所示。

15.2.5 制作生日花纹覆叠   关键技法：拖曳至覆叠轨中

在编辑视频的过程中，为视频素材添加花纹覆叠效果，可以使影片具有立体感，使影片更具欣赏价值。

▶ 操作步骤

步骤 01　将时间线移至0:00:07:20的位置处，在"文件夹"选项卡中选择17.png图像素材，单击鼠标左键并将其拖曳至覆叠轨1中的时间线位置，如下左图所示。

步骤 02　在"编辑"选项面板中，设置覆叠素材的"照片区间"为0:00:02:00，在"属性"选项面板中，单击"淡入动画效果"按钮，设置覆叠素材的淡入动画效果，在预览窗口中调整覆叠素材至屏幕大小，如下右图所示。单击"播放修整后的素材"按钮，预览覆叠素材动画效果。

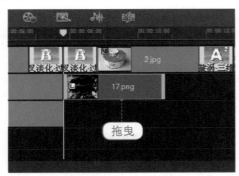

步骤 03　按照同样的方法，在覆叠轨中的其他位置添加两幅同样的覆叠花纹素材，在选项面板中设置素材的区间长度及淡出动画效果等属性。单击"播放修整后的素材"按钮，即可预览覆叠花纹动画效果，如下图所示。

Chapter
09

Chapter
10

Chapter
11

Chapter
12

Chapter
13

Chapter
14

Chapter
15

Chapter
16

Chapter
17

▶ **15.2.6** 制作色彩缤纷的边框　　　关键技法：**拖曳至覆叠轨中**

　　在编辑视频的过程中，用户还可以为视频素材添加色彩缤纷的边框效果，使视频效果更加美观。

⊙ **视频文件**　　光盘\视频\Chapter 15\06 制作色彩缤纷的边框.mp4

▶ **操作步骤**

步骤01　将时间线移至0:00:07:20的位置处，在"文件夹"选项卡中选择18.png图像素材，单击鼠标左键并将其拖曳至覆叠轨2中的时间线位置，如下左图所示。

步骤02　在"编辑"选项面板中，设置覆叠素材的"照片区间"为0:00:02:00，在"属性"选项面板中，单击"淡入动画效果"按钮，设置覆叠素材的淡入动画效果，在预览窗口中调整覆叠素材至屏幕大小。单击"播放修整后的素材"按钮，即可预览覆叠素材动画效果，如下右图所示。

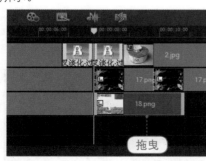 

步骤03　按照同样的方法，在覆叠轨2中的其他位置添加两幅同样的覆叠边框素材，在选项面板中设置素材的区间长度及淡出动画效果等属性。单击"播放修整后的素材"按钮，预览覆叠花纹动画效果。

字幕是以各种字体、样式和动画等形式出现在屏幕上的中外文字的总称，字幕设计是视频编辑的艺术手段之一。

 视频文件　　光盘\视频\Chapter 15\07 制作生日字幕效果.mp4

▶ 操作步骤

步骤01 将时间线移至0:00:08:20的位置处，单击"标题"按钮，切换至"标题"选项卡，在预览窗口中的适当位置输入相应文本内容，在"编辑"选项面板中设置"区间"为0:00:04:00、"字体"为"方正卡通简体"、"字体大小"为65、"色彩"为黄色，如下左图所示。

步骤02 切换至"属性"选项面板，选择"动画"单选按钮和"应用"复选框，设置"选取动画类型"为"淡化"，在下方选择第2种动画样式，如下右图所示。

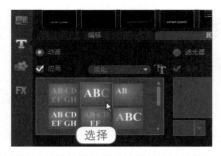

步骤03 按照同样的方法，在标题轨中的适当位置添加相应的文本内容，在选项面板中设置标题字幕的字体属性与动画效果。单击"播放修整后的素材"按钮，即可预览标题字幕动画效果，如下图所示。

Chapter
09

Chapter
10

Chapter
11

Chapter
12

Chapter
13

Chapter
14

Chapter
15

Chapter
16

Chapter
17

15.3 后期编辑与输出

通过后期处理，不仅可以对生日活动的原始素材进行合理的编辑，而且可以为影片添加各种音乐及特效，使影片更具珍藏价值。

15.3.1 制作生日音频特效   关键技法："淡入"按钮、"淡出"按钮

淡入淡出音频特效在视频编辑中是一种常用的音频编辑效果。使用这种编辑效果，避免了音乐的突然出现和突然消失，使音乐有一种自然的过渡效果。下面介绍制作淡入淡出音频特效的操作步骤。

 视频文件   光盘\视频\Chapter 15\08 制作生日音频特效.mp4

▶ **操作步骤**

步骤01 在"文件夹"选项卡中，选择19.mp3音频素材，单击鼠标左键并将其拖曳至音乐轨中的开始位置，如下左图所示。

步骤02 将时间线移至0:01:15:05的位置处，选择音乐轨中的音频素材，单击鼠标右键，在弹出的快捷菜单中单击"分割素材"命令，即可将素材分割为两段，选择后段音频素材，按【Delete】键将其删除，如下右图所示，对音乐轨中的音频素材进行剪辑操作。

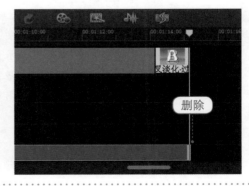

步骤03 选择剪辑后的音频素材，在"音乐和声音"选项面板中，单击"淡入"按钮和"淡出"按钮，设置音频的淡入淡出特效。用户还可以在混音器视图中手动调整音频关键帧的位置。

15.3.2 渲染输出生日视频

关键技法："自定义"选项

在会声会影X4中，渲染影片可以将项目文件创建成MPG、AVI及QuickTime等视频格式的文件。

效果文件	光盘\效果\Chapter 15\生日影像作品：《生日快乐》.mpg
视频文件	光盘\视频\Chapter 15\09 渲染输出生日视频.mp4

▶ 操作步骤

步骤01 切换至"分享"步骤面板，在"分享"选项面板中单击"创建视频文件"按钮，在弹出的下拉列表中选择"自定义"选项，如下图所示。

步骤02 此时，弹出"创建视频文件"对话框，在其中设置文件的保存位置及文件名称，如下图所示。单击"保存"按钮，即可开始渲染影片，并显示渲染进度。待影片渲染完成后，即可完成视频文件的输出操作。

本章小结

本章对影像作品——《生日快乐》视频的制作进行了详细介绍。通过对本章的学习，用户可以掌握视频的导入方法，以及如何添加至视频轨中并进行有序的排列，还可以掌握转场效果的添加、覆叠效果的制作及标题字幕动画效果的编辑等，最后对影片进行渲染输出操作。希望用户学完以后，可以举一反三，制作出更漂亮的影像作品。

Chapter

16 儿童影像作品——《欢乐童年》

电子相册是集图像、音乐、文字于一体的多媒体视频文件，效果可与电影大片相媲美，并且容量大，可以在VCD机、DVD机、计算机上播放，便于共同观赏。它的出现可以丰富人们的日常生活。现在的人们大多都将自己小孩成长的点点滴滴拍摄下来，而使用会声会影X4，可以将其制作成动感相册。

▶ 知识要点

1 导入儿童视频素材
2 添加儿童视频素材
3 添加视频转场效果
4 制作儿童视频片头效果
5 制作视频边框效果
6 制作儿童视频片尾效果
7 制作儿童视频字幕动画
8 制作儿童视频影片音效
9 渲染输出儿童视频

▶ 本章重点

1 添加儿童视频素材
2 添加视频转场效果
3 制作儿童片头效果
4 制作视频边框效果
5 制作儿童片尾效果
6 渲染输出儿童视频

▶ 效果欣赏

▶ 16.1 效果欣赏

　　童年是指幼年和少年之间的时间段，没有确切的定义，大概为上小学的前两年和上小学的时间段，一般被认为是人生中最快乐的时期，无忧无虑，在文学作品中常有着快乐的寓意。在制作《欢乐童年》视频效果之前，首先预览项目效果，并掌握项目技术提炼等内容。

▶ 16.1.1 效果赏析

　　本实例的最终视频效果如下图所示。

▶ 16.1.2 技术提炼

　　首先进入会声会影X4，在视频轨中插入相应的儿童视频素材，在视频素材间添加相应的色彩色块与转场效果，然后制作视频片头覆叠效果、边框效果、字幕效果及音频效果等，最后渲染输出影片文件。

▶ 16.2 视频的制作过程

　　本节主要向用户介绍《欢乐童年》视频文件的制作过程，包括导入视频素材、添加视频素材、制作片头效果、制作边框效果、制作片尾效果及制作字幕动画效果等内容。

Chapter
09

Chapter
10

Chapter
11

Chapter
12

Chapter
13

Chapter
14

Chapter
15

Chapter
16

Chapter
17

▷ 16.2.1 导入儿童视频素材

关键技法："插入媒体文件"命令

　　在编辑视频素材之前，首先需要导入视频素材。下面介绍通过"插入媒体文件"命令导入儿童视频素材的操作步骤。

| 效果文件 | 光盘\素材\Chapter 16\1.wmv ~ 21.mp3 |
| 视频文件 | 光盘\视频\Chapter 16\01 导入儿童视频素材.mp4 |

▶ 操作步骤

步骤 01 在"媒体"素材库的"文件夹"选项卡中，单击鼠标右键，在弹出的快捷菜单中单击"插入媒体文件"命令，如下左图所示。

步骤 02 执行操作后，即可弹出"浏览媒体文件"对话框，在其中用户可根据需要选择相应的媒体素材文件，单击"打开"按钮，即可将媒体素材文件导入到"文件夹"选项卡中，如下右图所示。单击导览面板中的"播放修整后的素材"按钮，即可在预览窗口中预览视频效果。

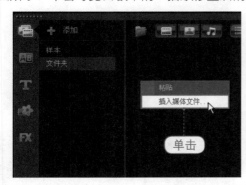
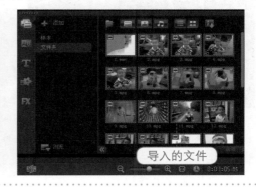

专家指点

　　在"时间轴视图"面板的视频轨中，单击鼠标右键，在弹出的快捷菜单中单击"插入视频"命令，弹出"打开视频文件"对话框，在其中选择相应视频文件，单击"打开"按钮，即可快速导入视频。

▷ 16.2.2 添加儿童视频素材

关键技法：拖曳至视频轨中

　　将儿童素材导入到"媒体"素材库的"文件夹"选项卡后，接下来用户可以将视频文件添加至视频轨中，方便以后的编辑操作。

 视频文件　光盘\视频\Chapter 16\02 添加儿童视频素材.mp4

▶ **操作步骤**

步骤01 单击"图形"按钮，切换至"图形"素材库，在其中选择黑色色块，单击鼠标左键并将其拖曳至视频轨中的开始位置，在"色彩"选项面板中设置色彩色块的"色彩区间"为0:00:01:00，此时的视频轨如下左图所示。

步骤02 在"媒体"素材库的"文件夹"选项卡中，选择1.wmv视频文件，单击鼠标左键并将其拖曳至视频轨中黑色色块的后方，在"属性"选项面板中，选择"变形素材"复选框，在预览窗口中拖曳素材四周的黄色控制柄，调整视频素材的形状，使其全屏显示在预览窗口中，如下右图所示。

步骤03 按照同样的方法，在视频轨中的其他位置添加相应的视频与黑色色块，调整素材的区间，在选项面板中对相应的视频进行变形操作，使其全屏显示在预览窗口中，此时的视频轨如右图所示。单击"播放修整后的素材"按钮，在预览窗口可以预览视频效果。

🔧 **专家指点**

在对视频进行变形的过程中，用户还可以在预览窗口中拖曳素材四周的绿色控制柄，随意调整视频素材的形状。

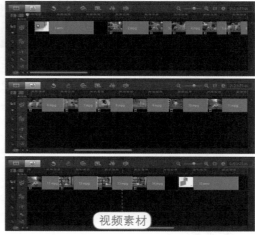

中文版会声会影X4完全学习手册（全彩超值版）

Chapter 09
Chapter 10
Chapter 11
Chapter 12
Chapter 13
Chapter 14
Chapter 15
Chapter 16
Chapter 17

16.2.3 添加视频转场效果

关键技法："交叉淡化"转场

下面介绍添加视频转场效果的步骤。

 视频文件　光盘\视频\Chapter 16\03 添加视频转场效果.mp4

▶ 操作步骤

步骤01 单击"转场"按钮，切换至"转场"素材库，在其中选择"交叉淡化"转场，如下图所示。

步骤02 单击鼠标左键并将其拖曳至黑色色块与视频1之间，添加"交叉淡化"转场，如下图所示。

步骤03 按照同样的方法，在其他各素材之间添加"交叉淡化"转场。单击"播放修整后的素材"按钮，即可预览"交叉淡化"转场效果，如下图所示。

16.2.4 制作儿童片头效果

关键技法：**拖曳至覆叠轨中**

在会声会影X4中添加视频转场效果后，接下来向用户介绍制作儿童视频片头动画效果的操作步骤。

🎞 **视频文件**　光盘\视频\Chapter 16\04 制作儿童片头效果.mp4

▶ **操作步骤**

步骤 01 在覆叠轨中，将时间线移至素材的开始位置，在"文件夹"选项卡中，选择16.jpg素材图像，单击鼠标左键并拖曳至覆叠轨中的时间线位置。在"编辑"选项面板中设置"照片区间"为0:00:07:24，选择"应用摇动和缩放"复选框，如下图所示。

步骤 02 切换至"属性"选项面板，单击"淡入动画效果"按钮和"淡出动画效果"按钮，设置覆叠素材的淡入淡出特效。在预览窗口中拖曳素材四周的控制柄，调整覆叠素材的形状，如下图所示。

步骤 **03** 按照同样的方法，在覆叠轨中的其他位置添加覆叠素材，并设置覆叠素材的区间和淡入淡出特效，在预览窗口中调整覆叠素材的形状。单击"播放修整后的素材"按钮，即可预览片头覆叠效果，如下图所示。

▶ 16.2.5 制作视频边框效果

关键技法：拖曳至覆叠轨中

在编辑视频的过程中，为了使视频更好地体现丰富的动态画面效果，用户可以为视频素材添加边框效果。

 视频文件 光盘\视频\Chapter 16\05 制作视频边框效果.mp4

▶ 操作步骤

步骤 **01** 将时间线移至0:00:08:00的位置处，在"文件夹"选项卡中选择19.png图像素材，单击鼠标左键并拖曳至覆叠轨中的时间线位置，在"编辑"选项面板中设置覆叠素材的"照片区间"为0:00:02:00，如下图所示。

步骤 **02** 切换至"属性"选项面板，单击"淡入动画效果"按钮，设置覆叠素材的淡入动画效果。在预览窗口中选择覆叠素材，单击鼠标右键，在弹出的快捷菜单中单击"调整到屏幕大小"命令，调整覆叠素材至屏幕大小，如下图所示。

步骤 03 按照同样的方法在覆叠轨中添加两幅同样的图像素材，在选项面板中调整覆叠素材的区间和淡出动画效果，在预览窗口中调整覆叠素材的大小。单击"播放修整后的素材"按钮，即可预览覆叠边框动画效果，如下图所示。

16.2.6 制作儿童视频片尾效果

关键技法：**拖曳至覆叠轨中**

为视频素材添加边框效果后，接下来向用户介绍制作儿童片尾动画效果的步骤。

视频文件 光盘\视频\Chapter 16\06 制作儿童视频片尾效果.mp4

▶ 操作步骤

步骤 01 将时间线移至0:00:57:04的位置处，在"文件夹"选项卡中选择20.jpg图像素材，单击鼠标左键并将其拖曳至覆叠轨中的时间线位置，在"编辑"选项面板中设置"照片区间"为0:00:08:01，此时的覆叠轨如下左图所示。

步骤02 在"属性"选项面板中，单击"淡入动画效果"按钮和"淡出动画效果"按钮，设置覆叠素材的淡入淡出特效。在预览窗口调整覆叠素材形状，如下右图所示。

步骤03 单击"播放修整后的素材"按钮，即可预览覆叠素材片尾动画效果，如下图所示。

▶ 16.2.7　制作儿童视频字幕动画 关键技法："标题"按钮

字幕是现代影片中的重要组成部分，可以使观众更好地理解影片的含义。

视频文件　　光盘\视频\Chapter 16\07 制作儿童视频字幕动画.mp4

▶ 操作步骤

步骤01 将时间线移至0:00:09:00的位置处，单击"标题"按钮，切换至"标题"素材库，在预览窗口中的适当位置输入相应的文本内容，在"编辑"选项面板中，设置文本的"区间"为0:00:03:16、"字体"为"方正卡通简体"、"字体大小"为60、"色彩"为黄色，如下左图所示。

步骤02 切换至"属性"选项面板，选择"动画"单选按钮和"应用"复选框，设置"选取动画类型"为"淡化"，在下方的列表框中选择第2种淡化样式，如下右图所示。在预览窗口下方，向右拖曳"暂停区间"标记至合适位置，然后释放鼠标左键。

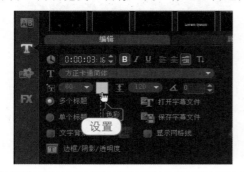 

步骤03 按照同样的方法，在标题轨中的其他位置输入相应的文本内容，在"编辑"选项面板中设置文本的区间、字体、字体大小、色彩及动画样式等。单击"播放修整后的素材"按钮，即可预览标题字幕动画效果，如下图所示。

专家指点

　　在"标题轨"中选择需要调整区间的标题字幕，将鼠标指针移至标题字幕右端的黄色标记上，单击鼠标左键并向左或向右拖曳，可以手动调整标题字幕的区间长度。

16.3 后期编辑与输出

　　本节主要向用户介绍视频的后期编辑与输出。通过为视频添加音频特效，可以使视频效果具有感染力；通过对视频进行渲染输出，可以将视频场景和回忆永久保存。

16.3.1 制作儿童视频音效 关键技法："淡入"按钮、"淡出"按钮

会声会影X4具有非常强大的音频处理功能，不仅能对音频进行添加和删除操作，还能设置各种特殊效果，如淡入淡出等。

> 🎬 **视频文件** 光盘\视频\Chapter 16\08 制作儿童视频音效.mp4

▶ **操作步骤**

步骤 01 将时间线移至素材的开始位置，在"文件夹"选项卡中选择相应的音频素材，单击鼠标左键并将其拖曳至音乐轨中的开始位置，添加音频素材，如下左图所示。

步骤 02 将时间线移至0:01:05:05的位置处，选择音频素材，单击鼠标右键，在弹出的快捷菜单中单击"分割素材"命令，即可分割素材。选择后段音频素材，进行删除操作，留下剪辑后的音频素材，如下右图所示。

步骤 03 选择剪辑后的音频素材，在"音乐和声音"选项面板中单击"淡入"按钮和"淡出"按钮，设置素材的淡入淡出特效。用户还可以在混音器视图中对音频素材的关键帧进行调整。调整完成后，单击"播放修整后的素材"按钮，可以试听音频效果并预览视频效果，如下图所示。

16.3.2 渲染输出儿童视频 关键技法："自定义"选项

在会声会影X4中，对音频文件编辑完成后，需要对儿童视频文件进行渲染输出，这样才能将儿时的回忆永久珍藏。

Chapter **09**

Chapter **10**

Chapter **11**

Chapter **12**

Chapter **13**

Chapter **14**

Chapter **15**

Chapter **16**

Chapter **17**

效果文件	光盘\效果\Chapter 16\儿童影像作品：《欢乐童年》.mpg
视频文件	光盘\视频\Chapter 16\09 渲染输出儿童视频.mp4

▶ 操作步骤

步骤 01 切换至"分享"步骤面板，在"分享"选项面板中单击"创建视频文件"按钮，在弹出的下拉列表中选择"自定义"选项，如下图所示。

步骤 02 弹出"创建视频文件"对话框，在其中设置文件的保存位置及文件名称，如下图所示。单击"保存"按钮，即可开始渲染影片，并显示渲染进度。待影片渲染完成后，即可完成视频文件的输出操作。

本章小结

　　将儿时的成长过程拍摄下来，多年以后再去翻开那些陈旧的回忆，是一件多么幸福的事情。本章主要向用户介绍了儿童影像作品——《欢乐童年》视频效果的制作方法。希望用户学完以后，可以制作出更多成长记录视频，如制作成长录影、纯真年代、可爱宝宝及金色童年等题材视频效果。

中文版会声会影X4完全学习手册（全彩超值版）

17

婚纱影像作品——
《真爱回味》

　　该视频在视觉设计上，通过漂亮的服装、相框或其他饰品，表现出一种高贵与典雅，并通过创意性的文字画龙点睛，让效果更加强烈、醒目，使整个影片散发出朦胧而又浪漫的情感。再加上欢快又活跃的音乐，更是给整个影片增添了爱的情调。

▶ 知识要点

1　导入婚纱视频动画效果
2　制作婚纱视频动画效果
3　添加婚纱视频转场效果
4　制作婚纱视频片头效果
5　制作婚纱视频边框效果

6　制作婚纱片尾动画效果
7　制作视频字幕动画效果
8　在影片中添加音频素材
9　将视频文件刻录为DVD

▶ 本章重点

1　导入婚纱视频动画效果
2　添加婚纱视频转场效果
3　制作婚纱视频片头效果

4　制作婚纱视频边框效果
5　制作视频字幕动画效果
6　将视频文件刻录为DVD

▶ 效果欣赏

17.1 效果欣赏

结婚是人一生中最重要的事情之一，而结婚这一天也是最具纪念意义的一天。对于新郎和新娘来说，这一天是他们新生活的开始，也是人生中最美好的回忆。在制作《真爱回味》视频效果之前，首先预览项目效果，并掌握项目技术提炼等内容。

17.1.1 效果赏析

本实例的最终视频效果如下图所示。

17.1.2 技术提炼

首先进入会声会影X4，在其中添加需要的视频素材与图像素材，然后根据影片的需要设置图像动画效果、添加转场、制作覆叠效果、添加标题字幕、更改标题字幕的属性、添加背景音乐及刻录DVD影片等。

17.2 视频的制作过程

本节主要向用户介绍《真爱回味》视频文件的制作过程，包括导入婚纱影像素材文件、设置视频动画效果、添加视频转场效果、制作视频片头覆叠、制作视频边框效果、制作片尾动画效果及制作视频字幕动画效果等内容。

17.2.1 导入婚纱影像素材文件 | 关键技法："插入媒体文件"命令

在会声会影X4中导入视频素材的方法有很多种，如通过命令导入素材、通过"故事板视图"导入素材、通过"时间轴视图"面板导入素材及通过"媒体"素材库导入素材文件等。下面介绍通过"媒体"素材库导入素材文件的操作步骤。

| | 素材文件 | 光盘\素材\Chapter 17\1.wmv ~ 26.jpg |
| | 视频文件 | 光盘\视频\Chapter 17\01 导入婚纱影像素材文件.mp4 |

▶ 操作步骤

步骤01 启动会声会影X4应用程序，进入会声会影X4，单击"编辑"步骤面板右上方的"媒体"按钮，选择"文件夹"选项，进入"文件夹"选项卡，在空白位置处单击鼠标右键，在弹出的快捷菜单中单击"插入媒体文件"命令，如下图所示。

步骤02 此时，弹出"浏览媒体文件"对话框，在其中选择需要插入的视频素材和图像素材，如下图所示。

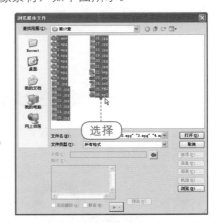

 专家指点

在"媒体"素材库的"文件夹"选项卡中，单击窗口上方的"导入媒体文件"按钮■，也可以快速弹出"浏览媒体文件"对话框。

 专家指点

在"浏览媒体文件"对话框中，选择相应的视频素材和图像素材后，双击相应的素材文件，可快速将素材导入至"文件夹"选项卡中。

步骤 03 单击"打开"按钮，即可在"文件夹"选项卡中添加相应的视频素材和图像素材，如下图所示。

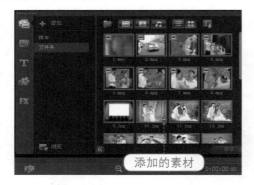

步骤 04 在预览窗口中，单击"播放修整后的素材"按钮，即可预览素材，效果如下图所示。

步骤 05 按照视频素材和图像素材的序号，依次将其添加至视频轨中的适当位置，并添加相应的色彩色块，调整视频素材与图像素材的区间长度，然后对素材进行变形操作，此时"视频轨"中的素材如右图所示。

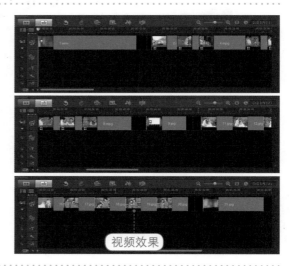

▷ 17.2.2　制作婚纱视频动画效果　| 关键技法："摇动和缩放"单选按钮 |

在编辑视频的过程中，使用软件提供的摇动和缩放功能可以让静止的图像动起来，使制作的影片更加生动。

🔘 **视频文件**　　光盘\视频\Chapter 17\02 制作婚纱视频动画效果.mp4

中文版会声会影X4完全学习手册（全彩超值版）

▶ **操作步骤**

步骤 01 选择11.jpg图像素材，在"照片"选项面板中，选择"摇动和缩放"单选按钮，单击其下方的下拉按钮，在弹出的列表框中选择第1排第1个动画样式，如下图所示。

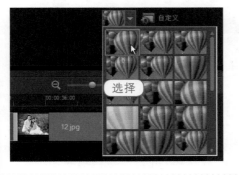

步骤 02 单击右侧的"自定义"按钮，弹出"摇动和缩放"对话框，在左侧预览窗口中拖曳十字图标至合适位置，如下图所示。

步骤 03 单击"确定"按钮，即可设置图像素材的动画效果。单击"播放修整后的素材"按钮，即可预览图像素材动画效果，如下图所示。

步骤 04 按照同样的方法设置其他图像素材的动画样式，效果如下图所示。

> ## 17.2.3 添加婚纱视频转场效果

关键技法："转场"按钮

在编辑视频的过程中，为图像或视频素材之间添加转场效果，可以使图像或视频之间的过渡更加自然流畅。

视频文件　　光盘\视频\Chapter 17\03 添加婚纱视频转场效果.mp4

▶ 操作步骤

步骤 01 在"编辑"步骤面板中单击"转场"按钮，切换至"转场"素材库，单击上方的"画廊"按钮，在弹出的下拉列表中选择"全部"选项，进入"全部"转场素材库，在其中选择"交叉淡化"转场，如下图所示。

步骤 02 在该转场效果上，单击鼠标左键并拖曳至素材1与黑色色块之间，即可添加"交叉淡化"转场，按照同样的操作方法，在黑色色块与素材2之间添加"交叉淡化"转场，如下图所示。

步骤 03 按照同样的方法，在素材间添加其他转场效果，如下图所示。

▶ 17.2.4　制作婚纱视频片头覆叠　关键技法：通过选项面板设置覆叠属性

在覆叠轨中可以添加图像或视频等素材，覆叠功能可以使视频轨上的视频图像相互交织，从而组合成各式各样的视觉效果。

中文版会声会影X4完全学习手册（全彩超值版）

视频文件　光盘\视频\Chapter 17\04 制作婚纱视频片头覆叠.mp4

▶ 操作步骤

步骤01 在"时间轴视图"面板中，将时间线移至0:00:05:00的位置，在"文件夹"素材库中选择14.jpg.素材图像，单击鼠标左键并将其拖曳至覆叠轨中的时间线位置，在"编辑"选项面板中设置"照片区间"为0:00:07:16，选择"应用摇动和缩放"复选框，切换至"属性"选项面板，在其中单击"淡入动画效果"按钮和"淡出动画效果"按钮，设置覆叠素材的淡入淡出特效，如下左图所示。

步骤02 在预览窗口中，拖曳图像素材四周的控制柄，调整图像素材的形状和位置，预览窗口中的覆叠效果，如下右图所示。

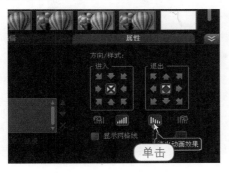

步骤03 在时间轴面板中，新增3条覆叠轨道。按照同样的方法，在覆叠轨2、覆叠轨3和覆叠轨4的起始位置添加相应的覆叠素材，并设置覆叠素材的区间、摇动和缩放、淡入淡出及运动效果等。单击导览面板中的"播放修整后的素材"按钮，即可预览视频片头覆叠效果，如下图所示。

17.2.5 制作婚纱视频边框效果

关键技法：拖曳素材至覆叠轨

在制作视频的过程中，为视频添加相应的边框效果，可以使视频更加美观、内容更加丰富多彩。

视频文件 光盘\视频\Chapter 17\05 制作婚纱视频边框效果.mp4

操作步骤

步骤01 将时间线移至0:00:12:16的位置，在"文件夹"素材库中选择22.bmp边框素材，单击鼠标左键并将其拖曳至覆叠轨中的时间线位置。在预览窗口中调整覆叠素材至屏幕大小。在"编辑"选项面板中，设置覆叠素材的"照片区间"为0:00:02:00。在"属性"选项面板中，单击"淡入动画效果"按钮，设置淡入动画效果，如下左图所示。

步骤02 单击"遮罩和色度键"按钮，进入相应的选项面板，选择"应用覆叠选项"复选框，设置"类型"为"色度键"、"覆叠遮罩的色彩"为白色，设置覆叠素材的遮罩效果，如下右图所示。

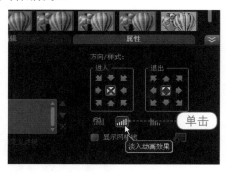

单击
淡入动画效果

设置遮罩

步骤 03 按照同样的方法，在覆叠轨中插入两幅同样的覆叠素材，并设置覆叠素材的区间长度、形状大小及淡出动画效果等属性。单击导览面板中的"播放修整后的素材"按钮，即可预览覆叠边框效果，如下图所示。

步骤 04 将时间线移至0:00:38:02的位置处，插入图像10.jpg，设置"照片区间"为0:00:04:01，在预览窗口中调整素材形状，在选项面板中单击"淡入动画效果"按钮，设置覆叠淡入动画效果。单击"播放修整后的素材"按钮，即可预览覆叠效果，如下图所示。

专家指点

在会声会影X4中，当用户需要预览覆叠效果时，单击"播放修整后的素材"按钮显得比较麻烦，此时可以按空格键快速播放视频效果。

步骤 05 按照同样的方法，在覆叠轨中的其他位置添加相应的覆叠素材，并调整覆叠素材的区间、形状、淡入淡出动画、遮罩动画及覆叠素材的透明度等属性，效果如下图所示。

Chapter 09
Chapter 10
Chapter 11
Chapter 12
Chapter 13
Chapter 14
Chapter 15
Chapter 16
Chapter 17

17.2.6 制作婚纱片尾动画效果

　　一个完整的视频效果具有3个阶段的制作过程，即片头制作、片中制作及片尾制作。片尾效果的美观度直接决定效果的整体美观度。

　　视频文件　　光盘\视频\Chapter 17\06 制作婚纱片尾动画效果.mp4

▶ 操作步骤

步骤01　将时间线移至00:01:13:02的位置，在"文件夹"素材库中导入一幅图像素材，并将其添加至覆叠轨中的时间线位置。在"编辑"选项面板中设置"照片区间"为0:00:07:18，选择"应用摇动和缩放"复选框，并设置摇动效果为第1排第2个样式，如下图所示。

步骤02　在预览窗口中调整覆叠素材至屏幕大小。在"属性"选项面板中单击"淡入动画效果"按钮和"淡出动画效果"按钮，设置淡入淡出动画效果，单击"遮罩和色度键"按钮，进入相应选项面板。在其中设置"透明度"为65、"遮罩类型"为椭圆，如下图所示。

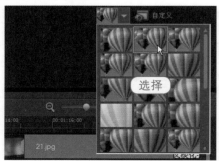

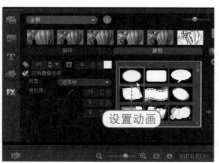

步骤03 单击导览面板中的"播放修整后的素材"按钮，即可预览覆叠动画效果，如下图所示。

步骤04 按照同样的方法，在覆叠轨2中0:01:14:02的位置处，插入一段Flash动画，设置相应的覆叠素材属性。单击"播放修整后的素材"按钮，即可预览片尾效果，如下图所示。

▶ 17.2.7 制作视频字幕动画效果　　　关键技法："标题"按钮

字幕是视频作品不可缺少的重要组成部分，漂亮的字幕设计可以使影片更具吸引力和感染力。

视频文件　光盘\视频\Chapter 17\07 制作视频字幕动画效果.mp4

▶ 操作步骤

步骤01 将时间线移至0:00:12:15的位置处，单击"标题"按钮，切换至"标题"素材库，在预览窗口中的适当位置双击鼠标左键，输入文本内容。在"编辑"选项面板中，设置"区间"为0:00:03:06、"字体"为"方正卡通简体"、"字体大小"为65、"色彩"为粉红色，并设置相应的阴影样式，如下左图所示。

步骤02 切换至"属性"选项面板，选择"动画"单选按钮和"应用"复选框，设置"选取动画类型"为"飞行"，在下方的列表框中选择第1个动画样式，单击"自定义动画属性"按钮，弹出"飞行动画"对话框，从中可以设置文本的动画属性，如下图所示。

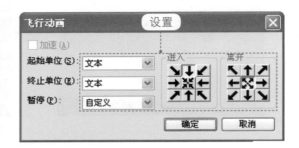

步骤03 单击"确定"按钮，设置动画属性完成。单击"播放修整后的素材"按钮，即可预览视频字幕动画效果，如下图所示。

步骤04 按照同样的方法，在标题轨中的其他位置输入相应文本内容，并设置文本的字体属性和动画效果。单击"播放修整后的素材"按钮，即可预览字体动画效果，如下图所示。

17.3 后期编辑与输出

当用户对视频编辑完成后，接下来可对视频进行后期编辑与输出，主要包括在影片中添加音频素材及将视频文件刻录为DVD等内容。

17.3.1 在影片中添加音频素材 关键技法：拖曳至音乐轨中

音频是一部影片的灵魂，在后期编辑过程中，音频的处理相当重要，如果声音运用恰到好处，往往能给观众带来耳目一新的感觉。

> 视频文件　光盘\视频\Chapter 17\08 在影片中添加音频素材.mp4

▶ 操作步骤

步骤01 将时间线移至素材的开始位置，在"文件夹"素材库中将26.mp3音频文件拖曳至音乐轨中的开始位置，如下图所示。

步骤02 将时间线移至0:01:20:21的位置处，在音乐素材上单击鼠标右键，在弹出的快捷菜单中单击"分割素材"命令，如下图所示。

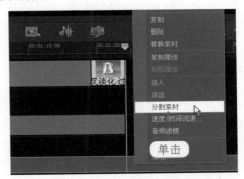

步骤03 分割音频素材后，将分割后的音频素材进行删除操作，如下图所示。

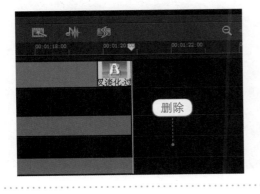

步骤04 选择音频素材，在"音乐和声音"选项面板中单击"淡入"按钮和"淡出"按钮，设置音频素材的淡入淡出特效，如下图所示。单击"播放修整后的素材"按钮，即可试听音频效果。

17.3.2 将视频文件刻录为DVD　　关键技法："刻录"按钮

对视频文件添加音频特效后，接下来可以根据需要将视频文件刻录为DVD光盘，以将美好的回忆永久保存。

效果文件	光盘\效果\Chapter 17\婚纱影像作品：《真爱回味》.mpg
视频文件	光盘\视频\Chapter 17\09 将视频文件刻录为DVD.mp4

▶ **操作步骤**

步骤01 切换至"分享"步骤面板，在"分享"选项面板中单击"创建光盘"按钮，在弹出的下拉列表中，选择DVD选项，如下图所示。

步骤02 此时，弹出光盘刻录对话框，单击"下一步"按钮，进入"菜单和预览"选项卡，然后单击"下一步"按钮，如下图所示。

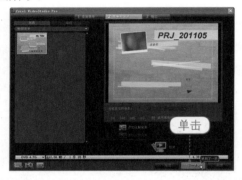

步骤03 进入"输出"选项卡，在"卷标"右侧的文本框中输入视频的名称，如下图所示。

步骤04 输入完成后，单击对话框下方的"刻录"按钮，如下图所示，即可将视频刻录为光盘。

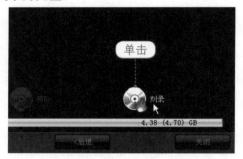

 ## 本章小结

在数码产品家庭化的今天，使用数码相机拍摄漂亮的结婚照后，使用会声会影X4将其制作成精美的婚纱电子相册，以记录下美好的时刻，这是一件非常有意义的事情。本章通过对婚纱影像作品——《真爱回味》进行制作，使用户在掌握本实例的基础上，可以制作出其他影片动画效果，如生活相册、动物相册及个人写真相册等，从而使人们的生活更加丰富多彩。